本书获得北京市海淀区公共委高层次人才培养专项资金资助

对话民生热点丛书　　　　北京市海淀区疾病预防控制中心　　江初◎主审

舌尖上的100例"毒食"

帮你认清"毒食"　带你鉴别"毒食"

张桃英　崔悦　曹冬◎编著

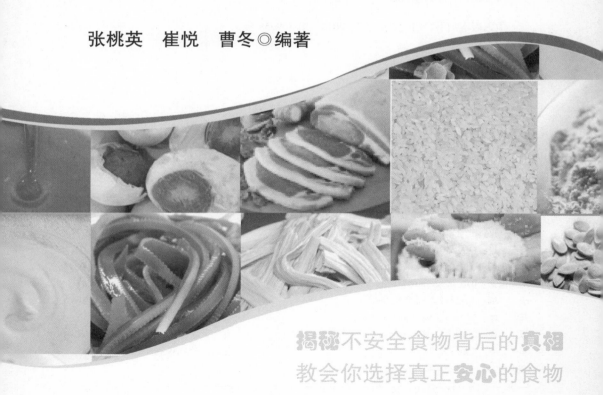

揭秘不安全食物背后的真相
教会你选择真正安心的食物

知识产权出版社
全国百佳图书出版单位

本书对各类食品的掺假识别方法进行了深入浅出的叙述，内容通俗易懂，方法简便易行，是一本实用性较强的科普图书，适合在家庭生活中使用和推广。拥有了这些"秘密武器"，您就可以买得放心，吃得安全了！

责任编辑：段红梅　刘　爽　　　　　　责任校对：董志英

装帧设计：金锋工作室　　　　　　　　责任出版：卢运霞

图书在版编目（CIP）数据

舌尖上的100例"毒食"：帮你认清"毒食"，

带你鉴别"毒食" / 张桃英，崔悦，曹冬编著 . —北京：知识

产权出版社，2013.12

（对话民生热点丛书）

ISBN 978 – 7 – 5130 – 2534 – 8

Ⅰ．①舌…　Ⅱ．①张…　②崔…　③曹…　Ⅲ．①食品安

全—基本知识　Ⅳ．①TS201.6

中国版本图书馆CIP数据核字（2013）第 309958 号

对话民生热点丛书

舌尖上的100例"毒食"

——帮你认清"毒食"，带你鉴别"毒食"

张桃英　崔悦　曹冬　编著

出版发行：	知识产权生出版社		
社　　址：	北京市海淀区马甸南村1号	邮　编：	100088
网　　址：	http://www.ipph.cn	邮　箱：	Bjb@cnipr.com
发行电话：	010 – 82000860转8101/8102	传　真：	010 – 82005070/82000893
责编电话：	010 – 82000860转8125	责编邮箱：	Liushuang@cnipr.com
印　　刷：	北京科信印刷有限公司	经　销：	新华书店及相关销售网点
开　　本：	720 mm × 960 mm　1/16	印　张：	14.25
版　　次：	2014 年 1 月第 1 版	印　次：	2015 年 10 月第 3 次印刷
字　　数：	250 千字	定　价：	38.00 元
ISBN 978 – 7 – 5130 – 2534 – 8			

前言
Preface

　　"国以民为本，民以食为天"，"吃"或者说是"食"在我们的历史进程中起着载舟覆舟的重要作用。然而，近年来我国食品安全问题频发，与食品安全相关的热点话题层出不穷，从老酸奶中被添加"工业明胶"、到白酒行业"塑化剂超标"，以及一段时间内爆发的"速成鸡"安全性之争，一系列事件涉及众多知名品牌的信任危机。究其原因，在技术越来越发达的今天，随着市场竞争的不断加剧，一些不法商贩也学会利用先进的技术来降低成本。从食品造假到滥用添加剂、非法添加化学物，能降低成本的手段几乎都被不法商贩所利用，我们在感叹科技进步的同时，也在为道德水准的下降而愤慨，另外消费者对食品安全知识的匮乏也使其在选购食品时无法做出恰当的抉择。食品安全问题如不能及时予以重视并解决，不仅会影响我们的生活质量、危害我们的身体健康，从某种意义上说还会影响我们的寿命。

　　随着市场经济的快速发展和人民生活水平的迅速提高，消费者对食品安全更加关注，因此提高我国食品安全水平的愿望也越来越迫切。保障食品安全需要政府、行业、企业和消费者共同努力，也就是说政府要监督、行业要管理、企业要自律、消费者要参与。消费者参与主要是消费者要提高食品安全知识，增强对假冒伪劣食品的鉴别能力和防范意识。只有全社会都行动起来，假冒伪劣食品才无藏身之地。

　　鉴于国内食品安全现状，消费者应具备食品安全意识以及必要的食品安全知识，掌握正确选购各种食品及其原料的方法，这样才能识别假冒伪劣食品，远离饮食误区。

　　本书将根据人们的生活需要，主要针对粮油类、肉禽蛋及其制品、水产类、乳及乳制品、调味品、食用菌及农副产品干货等多个门类几十种"问题"食品，运用了许多真实事例，揭示了食品生产、销售领域中的一些黑幕与造假伎俩，介绍了一些常见、重要食品的安全知识，并对其掺假感官鉴别方法和技巧进行深入浅出的叙述。本书也介绍了一些问题食品最常见污染源的实验室理化检验方法。

　　本书对广大消费者更好地识假、打假，并依法保护自身权益有着参考、指导作用，同时也可供质检、工商、卫生监督人员和企业食品原料采购人员参考使用。

　　本书的编写得到了北京市海淀区公共委高层次人才培养专项资金资助，并得到海淀区疾病预防控制中心领导和理化科全体人员的热情帮助和大力支持，在此一并致谢！同时对书中所引用文献资料的中外作者致以衷心的感谢！

　　编者水平所限，书中疏漏和不妥之处难免，欢迎读者批评指正。

编者

目录
mulu

第 三 章　调料类

第 四 章　水产品及水产制品

第 五 章　果蔬类

第 六 章　豆类及豆类制品

第 七 章　乳及乳制品

第 八 章　酒水饮料类

第 九 章　干制品类

第 十 章　糖和蜂产品类

第一章 粮油及粮油制品

01 油光发亮的 抛光大米

事件盘点

⏰ 2013年5月7日，记者在南昌县塘南镇一些粮油加工企业暗访时发现，为让大米色泽更亮，以迎合市场，谋求更大利润，在大米抛光增白过程中，一些企业竟掺入食用油。专家表示，这种做法违反了国家相关规定，不仅会缩短大米的保质期，而且易产生酸败霉变，有害人体健康。

揭秘不安全因素

抛光是大米加工中的一道"美容"工序，大米加工一般都要抛光。按照国家规定，抛光环节用水是允许的，但绝不能用油。个别不法生产企业为了谋利，采用豆油对劣质大米进行抛光，以次充好卖得高价。然而，大米用油抛光后，不但营养价值已经降低，而且大米中的油脂很容易酸败霉变，对人体肠胃等器官会造成损害。更为严重的是，一些黑心商贩会添加一些香精香料或使用廉价有毒的工业油（矿物油）抛光大米，食用这种毒大米，轻则影响人的消化系统和神经系统，重则可能危及生命。

矿物油：又叫石蜡油、液体石蜡，是石油提炼所产生的副产品（下脚料）的总称，也称基础油，其中的多环芳烃、荧光剂等杂质对人体有致畸、致癌作用。

毒大米：发霉变黄的陈化米经矿物油抛光、吊白块漂白等工艺加工后，变成颜色白净的"新米"，即毒大米。偶尔食用会对消费者消化系统产生危害，导致呕吐、腹泻、头晕；长期食用则可诱发肝癌等消化系统的恶性肿瘤。

掺伪检验

感官鉴别

看光泽：正常的米色泽洁白、晶莹，而陈米或劣质米颜色泛黄且有黑斑；油米则看起来太过油浸、透明，且颜色通常不均匀，仔细观察会发现米粒有一点浅黄色。

摸表皮：正常抛光的米，摸起来有玻璃珠般圆滑的感觉，陈米摸在手上很粗糙；油米则又腻又油，严重者用热水浸泡后，水面可浮有油斑。

闻气味：正常大米有股清香，而劣质米一般都有异味，如陈化米有发霉的味道，抛光加工处理后的大米，气味较难辨别，但用塑料袋包半小时后，没有正常的米香味，可闻到明显陈味，煮熟后的米饭黏性差。

比价格：劣质大米一般价格较低，外包装大多没有厂址及生产日期，或贴着不干胶纸标签。

小实验：将少量大米用一张吸收力强的洁白纸巾包好，用力揉一揉，有油迹的或用温水浸泡大米后见到漂浮油迹的，说明米中掺油。

理化检验

大米中掺矿物油（石蜡）的定性检验

操作方法：取大米于样品杯中一半体积，加入70℃以上的热水至样品杯近满处，用洁净牙签轻轻搅动30s以上，静置片刻使溶液温度降低到50℃以下（固体石蜡的熔点为50℃~65℃）。

结果判断：如果样品中掺有矿物油，液面上会出现细微的油珠，随着温度的降低和时间的延长，液体石蜡的油珠聚集加大，固体石蜡的油珠会结成白色片状物浮于液面上。

大米中掺矿物油（石蜡）的定量测定（气谱—质谱联用法）

方法原理：利用硫磺与矿物油在燃烧时的特征反应，能定性地分析食品中矿物油的存在。该方法利用GC/MS分析方法快速定量检测食品中的石蜡。

安全标准

《中华人民共和国国家标准 大米》（GB 1354—2009）明文规定：生产过程中，除符合GB 5749—2006规定的水之外不得添加任何物质，此条款为强制性条款。即大米绝不能用油抛光，更不允许使用工业油。

国家标准明确规定：大米等粮食生产加工过程中使用香精香料缺乏工艺必要性，大米等粮食生产者不得在生产加工过程中使用香精香料。

02 重金属污染的 镉大米

事件盘点

⏰ 2013年4月,《南方日报》记者曾赴广东省最大的粮油集散市场——佛山三眼桥市场,抽取了部分品牌大米并送权威部门检验,结果显示重金属镉超标的有11个品牌,产地涉及湖南等多个省份。

⏰ 2013年5月16日,广州市食品药品监督管理局在其网站公布了2013年第一季度抽检结果,此次抽检大米及其制品的合格率最低,抽检的18批次中只有10批次合格,合格率为55.56%,不合格的8批次原因都是镉含量超标。

⏰ 从2013年5月19日开始,广东省佛山市顺德区通报了顺德市场大米检测结果,在销售终端发现了6家店里售卖的6批次大米镉含量超标;在生产环节,发现3家公司生产的3批次大米镉含量超标;在流通环节抽检了湖南产的大米,在抽检的27家杂货铺、食品店、购物中心中,共有6家店里的大米镉超标。

⏰ 2013年5月29日,湖南省对曝光的生产企业首次回应了镉大米事件,表示对加工单位进行了专门检查,对库存粮食加强了监测。

大米中的镉究竟来自哪里?目前,官方尚无权威结论。有学者指出,稻米产品中的镉元素主要来自农田土壤中富集的镉。而农田土壤中的镉元素,则主要来自两个渠道:一是农业种植大量使用含磷肥的复合肥料,于是磷肥中的镉,通过施肥进入土壤。二是湖南、江西、湖北等稻米主产区的灌溉水系的重金属污染情况异常严重,其中的镉成分通过灌溉的方式进入土壤并富集。

揭秘不安全因素

镉大米,一般指镉含量超标的大米。我国国标规定白米中的镉含量最高不能超过0.2mg/kg,镉通常通过废水排入环境中,再通过灌溉进入食物,水稻是典型的"受害作物"。2013年5月广东发现大量湖南产的含镉大米,一度引起轰动。多位专家表示，土壤镉污染除来源于施肥和灌溉水系镉污染外，还有可能来自采矿、冶炼行业，工厂排放废气中含有镉，可能会通过大气沉降影响较远的地方，人长期食用含镉的食物会引起"痛痛病"。

镉：是一种重金属元素，对冶金、塑料、电子等行业非常重要，却会对人体产生危害。慢性镉中毒的症状被命名为"痛痛病"，病症表现为腰、手、脚等关节疼痛。病症持续几年后，患者全身各部位会发生神经痛、骨痛现象，行动困难，甚至呼吸都会带来难以忍受的痛苦，到了患病后期，患者骨骼软化、萎缩，四肢弯曲，脊柱变形，骨质松脆，就连咳嗽都能引起骨折，不能进食，疼痛无比。

掺伪检验

感官鉴别

镉大米用感官很难分辨，只有通过专业的检测仪器来检测判断。

理化检验

大米中镉的测定（石墨炉原子吸收光谱法）

方法原理：试样经灰化或酸消解后，注入原子吸收分光光度计石墨炉中，电热原子化吸收228.8nm共振线，在一定浓度范围，其吸收值与镉含量成正比，与标准系列比较定量。

安全标准

我国已于2013年6月1日实施《食品中污染物限量》（GB 2762—2012）强制性国家标准，其中规定白米中的镉含量最高不能超过0.2mg/kg，超标的粮食必须用作工业用粮，比如拿来做酒精。

延伸阅读

如何避免食用镉大米?

仅凭肉眼，人们不能辨出"镉大米"，只能避免吃含镉高的大米，例如目前来自日本、湖南、广西及东北苏家屯等地区的高镉大米，最好不要吃。尽量不要食用采矿、冶炼等工业密集地区出产的大米，避免镉污染对人体的危害。另外，减少对单一来源产地的大米的依赖，食谱多样化。

03 色素调染的 金黄小米（粥）

📋 事件盘点

⏰ 东方网2011年7月11日消息，西北农林科技大学谷子研究专家伊教授反映，在杨凌一些超市购买的小米颜色偏黄，怀疑是染色小米。针对此事，杨凌示范区工商局介入调查发现，这些小米仅从外观上看颜色大都呈亮黄色，差异不大，有个别店小米的色泽却偏暗黄。将少许小米放在水里清洗时，发现其中一种偏暗黄色小米的水上漂着一层油花。工商人员取样送权威机构检测确认。

⏰ 2011年5月10日，据《咸阳日报》报道，市食品药品稽查支队接到学生家长举报后，对陕科大咸阳校区的学生餐厅进行了突击检查，发现一家南方营养小米粥色泽金黄，十分可疑，便进行了详细检查。结果在熬制小米粥的地方发现了一个火柴盒大小的塑料袋，里面装着橘红色粉末，没有任何标志。检查人员将可疑的粉末倒进自来水中，自来水迅速变成金黄色。面对事实，粥铺的老板最后才勉强承认往小米粥里加了色素。

⏰ 2005年6月，国家质检总局抽查了广东、北京、天津等7个省市20家企业的31种小米、黑米产品，其中，合格27种，产品抽样合格率为87.1%。检查发现有四种小米含有"日落黄"、"柠檬黄"等化工着色剂，其主要原因是为了将存放时间较长的小米经过染色处理后以次充好。

🔍 揭秘不安全因素

不法商贩以失去食用价值的陈米或霉变小米为原料，经过漂洗去霉后，加入姜黄素、柠檬黄、日落黄等色素进行染色加工，对小米进行伪装，使色暗的陈小米变得颜色鲜黄诱人，如同当年的新小米。人们摄入这种染色后的黄色米，可能会产生过敏反应导致腹泻，特别是对人体的脏器产生危害，而且它的潜伏期很长，甚至可能会致癌。

姜黄素：从姜黄根茎中提取的一种黄色色素，味稍苦，不溶于水，溶于乙醇、丙二醇；在碱性时，显红褐色，中、酸性时显黄色；着色性强（除蛋白质外），一经着色后就不易褪色。常用于果味水、粉、露、汽水、糖果、冰激凌、糕点中。

柠檬黄：即食用黄色5号，为水溶性色素，属于食品合成着色剂，有着色力强、色泽鲜明、不易褪色、稳定性好等特点。当摄入量过大，超过肝脏负荷时，会在体内蓄积，对肾脏、肝脏产生一定伤害。

日落黄：橘黄色粉末或颗粒，易溶于水、甘油，微溶于乙醇，不溶于油脂。耐光、耐酸、耐热，在酒石酸和柠檬酸中稳定，遇碱变红褐色。人体每日允许摄入量（ADI）为0~2.5mg/kg体重。

掺伪检验

感官鉴别

看颜色：新鲜小米，色泽均匀，呈金黄色，富有光泽；染色后的小米，色泽深黄，缺乏光泽。

闻气味：新鲜小米，有一股小米的正常气味；染色后的小米，闻之有染色素的气味，如姜黄素就有姜黄气味。

小实验：将少量待测小米放于软白纸上，用嘴哈气使其润湿，然后用纸捻搓小米数次，观察纸上是否有轻微的黄色，如有黄色，说明待测小米中染有黄色素。另外，也可将少量样品加水润湿，观察水的颜色变化，如有轻微的黄色，说明掺有黄色素。

理化检验

姜黄素染色定性法

方法原理：根据姜黄素在碱性条件下成红褐色可判断。

操作方法：取样品25g置于乳钵中，加入25mL的无水乙醇，研磨，取其悬浊液25mL，置于比色管中，然后加入10%的氢氧化钠2mL，振荡均匀，静置片刻观察颜色变化，如果是橘红色，说明小米是用姜黄素染色的。

安全标准

我国《食品安全国家标准 食品添加剂使用标准》（GB 2760—2011）规定：姜黄素、胭脂红、柠檬黄、日落黄等人工合成色素主要用于饮料、配制酒、糖果等食品，规定在农产品中不得添加任何化学成分色素。

04 陈化粮制作的 黑心米线

事件盘点

⏰ 2011年11月29日，山东电视台报道了米线里面掺入食用胶、明矾、硼酸等添加剂的问题，这些添加剂不但能够使得米线更筋道滑溜，而且还能掩盖米线的另外一个大问题，也就是不良商贩是为了掩盖米线使用的原料是陈化粮才使用的添加剂，不然米线易断、易碎。记者在网上发现，有很多帖子在公开向米线作坊和工厂兜售陈化粮，价格相当便宜。据相关权威人士介绍，所谓陈化粮就是陈年的粮食，制作米线所用的陈年的大米，被霉菌污染，毒素氧化，营养成分已流失。陈化粮做的米线不但营养低、口感差，而且粮食经过多年的存放，可能已经产生了一些毒素，如毒性很强的黄曲霉毒素。用陈化粮做成的米线有很大隐患，同时，由于陈化粮米线非常松散，一点都不筋道，为了掩盖这些缺陷，就加明矾等添加剂改善米线的柔韧性，大大提升口感。

揭秘不安全因素

为了降低成本，米线制作使用陈化粮；而为了防止陈年粮食淀粉太松散，增加米线的筋道，米线中还添加食用胶、明矾、硼酸来增强韧性。陈化粮实际上就是国家粮库淘汰的发霉米，含有可致肝癌的黄曲霉毒素，按照规定只能卖给酿造、饲料等行业使用，而不法分子将这样的米低价销售给做米线的小店。食用"陈化粮"虽然其一次性的毒性没有这么大，但长期食用将会致癌。增加韧性的硼酸也不是食品添加剂，而是一种比较常用的化工原料，主要用于搪瓷和玻璃工业。

黄曲霉毒素：为分子真菌素，是目前所知致癌性最强的化学物质，其毒性是砒霜的68倍，被列为极毒，且其在280℃高温下仍可存活。黄曲霉毒素不易去除，一般水洗、烹调都无法去掉。长期少量食用可引起肝硬变等慢性损伤。

陈化粮：指长期（3年以上）储藏，其黄曲霉菌超标，已不能直接作为口粮的粮食。国家规定，陈化粮只能通过拍卖的方式向特定的饲料加工和酿造企业定向销售，并严格按规定进行使用，倒卖、平价转让、擅自改变使用用途的行为都是违法行为。

食用胶：是一大类食品原料，也是目前世界上广泛使用的食品添加剂，尤其是在食品工业相对发达的国家，几乎所有的食品中都使用了食用胶。

硼酸：为白色粉末状结晶，有滑腻手感，无臭味，溶于水、酒精、甘油中，水溶液呈弱酸性；在无机酸中的溶解度要比在水中的溶解度小。硼酸对人体有毒，内服影响神经中枢。

明矾：即十二水合硫酸铝钾，是含有结晶水的硫酸钾和硫酸铝的复盐；溶于水，不溶于乙醇。明矾中含有的铝对人体有害，长期食用会导致记忆力衰退、痴呆等严重后果。

掺伪检验

感官鉴别

色泽：洁白如玉，有光亮和透明度的，质量最好；无光泽，色浅白的质量较差。

状态：组织纯洁，质地干燥，片形均匀、平直、松散，无结疤，无并条的，质量最好；反之，质量较差。

气味：无霉味，无酸味，无异味，具有米线本身新鲜味的质量最好；反之，质量差。如果霉味和酸败味重，不得食用。

加热：煮熟后不糊汤、不粘条、不断条，质量最好；这种米线吃起来有韧性，清香爽口，色、香、味、形俱佳；反之质量较次。

理化检验

新陈米的快速定性方法

方法原理：米、面都含有过氧化氢酶，新米活性高，陈米活性丧失。该法用邻甲氧基苯酚在过氧化氢存在下，使新粮的氧化还原酶作用，产生红色的四邻甲氧基苯酚，陈粮则不显色；该法是新陈米快速定性的方法。

霉变粮中黄曲霉毒素测定（薄层色谱法）

方法原理：本法是利用样品中的黄曲霉毒素B_1，经有机溶剂提取、净化、浓缩、薄层分离后，在波长365nm紫外光下产生蓝紫色荧光，根据其在薄层上显示荧光的最低检出量来测定黄曲霉毒素B_1的含量。

安全标准

《食品安全国家标准 食品中真菌毒素限量》（GB 2761—2011）规定大米中黄曲霉毒素B_1不得超过10μg/kg。其他如明矾、硼酸等是不得添加在大米中的。

05 暗藏玄机的
粽子

事件盘点

⏰ 2011年6月3日,《京华时报》报道:记者接到市民举报,暗访了一家隐藏在朝阳区王四营乡双合村的生产加工粽子的黑作坊,该黑作坊每天生产一两千个粽子,并在朝阳区潘家园附近的鼎盛市场摆摊销售。经调查发现,为了提味儿,黑作坊内的人员向粽子内任意添加甜蜜素。昨天下午,朝阳工商部门取缔了这处黑作坊,执法人员表示,将进行抽样送检,如发现粽子中甜蜜素超标,将移送公安机关处罚。

揭秘不安全因素

目前在粽子上掺假的手段越来越多,在用米上,有些是抛光的大米,有些甚至是染色的大米;在馅料上,会在粽子里加入"硼砂"等化学成分,目的就是让粽子更有嚼头,口感像上等江米,以此增加卖点;有的会加违禁添加剂、亚硝酸盐,还有进行染色或涂保鲜剂保鲜的;有的为了追求好卖相,使用的是"返青粽叶",这种粽叶用化学药品硫酸铜浸泡过,浸泡后的粽叶就会从黄变绿,但硫酸铜不是食品添加剂,危害性很大,它能起杀菌和防腐的作用。

硼砂:为硼酸钠的俗称,是一种无色半透明晶体或白色结晶粉末,硼砂作为制作消毒剂、保鲜防腐剂等的原材料,却被掺进米面制品中,用于改善其色泽和保鲜,并有增加弹性和膨胀的作用。硼砂能致癌,对人体危害极大。

甜蜜素:是一种常用甜味剂,其甜度是蔗糖的30～40倍。如果经常食用甜蜜素含量超标的食品,就会因摄入过量对人体的肝脏和神经系统造成危害。

硫酸铜:为天蓝色或略带黄色粒状晶体,水溶液呈酸性,属保护性无机杀菌剂。该品对胃肠道有强烈刺激作用,误服会引起恶心、呕吐,口内有铜性味、胃烧灼感。

掺伪检验

感官鉴别

如何鉴别硼砂粽子

看外观：如果颜色发黄的，有可能是加了硼砂，因为硼砂是碱性的，在碱的作用下蛋白进行分解，但是有些肉粽子或者其他馅料的粽子也不好说。另外，同一种米的情况下，放了硼砂以后，包出来的粽子比没有放硼砂的粽子显得比较饱满，米的颗粒度比较大。

闻味道：一般加了硼砂还是有化学添加剂的味道的，不像粽子本身的清香味。

触摸感：用手摸，用手碰，比较滑溜的，一般是加了硼砂；如果手黏能拉丝的，糯米的那种黏糊劲甚至能把粽子粘起来那种，一般都不会有问题。

如何鉴别"返青粽叶"

看外观："返青粽叶"色泽青绿，而正常粽叶在制作过程中经过高温蒸煮，颜色会发暗发黄，绝不会有青绿色。

闻味道："返青粽叶"包的粽子煮后粽叶香味不浓，反而有淡淡的硫磺味。

辨煮水："返青粽叶"煮后水变绿，正常粽叶煮后水呈现淡黄色。

理化检验

pH试纸法

操作方法：用pH试纸贴在凉粽等食品上，如pH试纸变蓝，则证明该食品被硼砂或其他碱性物质污染，如试纸无变化则表示正常。

姜黄试纸特性检验法

方法原理：硼砂能使姜黄试纸变为浅蓝色，由此加以鉴别。

操作方法：先将姜黄根研成粉状物，水洗几次，再用6倍的白酒浸泡，滤去不溶物即得姜黄液。再将快速滤纸截为小条状放在姜黄液中浸湿，置晴处烘干备用。检测时将姜黄试纸放在凉粽等食品表面并润湿，再将试纸在碱水中蘸一下，若试纸呈浅蓝色，则证明凉粽等食品被硼砂污染，如试纸颜色为褐色，则属正常。

安全标准

我国《食品添加剂使用卫生标准》（GB 2760—2011）明确规定：对各种食品制作都应按照该标准添加食品添加剂，食品中使用的色素、甜味剂等都有相应的严格限制。

我国《食品卫生法》明令禁止硼砂作为食品添加剂使用。

06 惹争议的 面粉增白剂

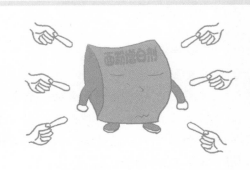

🗓 事件盘点

　　面粉增白剂从诞生的那天开始就争议不断，是存是废，国内出现两派对垒，各有权威人士担纲旗手

　⏰ **要求废止增白剂的反方**：以原商业部粮油工业局局长王瑞元为首，20多年前，正是他一手引进了增白剂，但自从赴欧考察回国后发现国内面粉增白剂是用来增白遮"丑"，遂对当年的决定痛心疾首。反方认为，增白剂在生产环节并非必需，纯粹是扮靓面粉"卖相"，于营养价值无益，反而会破坏其中的叶酸、类胡萝卜素等；增白剂分解出的苯甲酰、苯酚需要肝脏解毒，对肝功能衰竭、肝功能损伤者不宜，即使健康人长期超量食用，也容易引起慢性苯中毒。绝大部分的消费者支持这一观点，根据某门户网站调查，要求废止增白剂的网友超过九成。

　⏰ **坚持使用增白剂的的正方**：其领军人物为中国食品添加剂标准化技术委员会主任陈君石，他们坚持"增白剂是无害的"，国际上有严格的科学实验作证，且多数国家都在使用。

　　面对增白剂的存废，中央政策也几度摇摆：2007年10月底，卫生部向世界卫生组织（WHO）通报，计划撤销《食品添加剂使用卫生标准》中对增白剂在小麦粉中的使用许可。

　　2010年12月15日，卫生部监督局对是否禁止使用面粉增白剂公开征求意见，公告称将设1年的过渡期。此次卫生部只判面粉增白剂"死缓"，引来众多质疑。

　　2011年3月1日，卫生部发布公告，自2011年5月1日起，禁止生产、销售和使用各种面粉增白剂，终于给面粉增白剂的争论画上了句号。

🔍 揭秘不安全因素

　　面粉增白剂：化学名为过氧化苯甲酰，又叫面粉改良剂（BPO），为强氧化剂。主要用作塑料催化剂，油脂的精制，蜡的脱色，医药的制造等；它是我国20世纪

80年代末从国外引进并开始在面粉中普遍使用的食品添加剂，面粉增白剂主要用来漂白面粉，同时加快面粉的后熟。

面粉增白剂本来是一种国家允许添加的食品添加剂，在面粉中允许使用量在60mg/kg，基本能够满足小麦后熟的需要，并对人的身体应该不会有伤害；而要完全满足白度要求，需要的添加量在80~100mg/kg。近几年我国部分面粉企业和不法商贩因片面强调面粉白度而过量添加面粉增白剂，而且使用量大都超标，在100mg/kg左右。2011年5月1日起，卫生部发布公告禁止使用；至于超量使用对人体有没有危害目前仍存争议。

ⓓ 掺伪检验

◾ 感官鉴别

看色泽：未增白面粉和面制品为乳白色或微黄本色，使用增白剂的面粉及其制品呈雪白色。

闻气味：未增白面粉有一股面粉固有的清香气味，而使用增白剂的面粉淡而无味，甚至带有少许化学药品味。

◾ 理化检验

气相色谱法

方法原理：样品中过氧化苯甲酰用乙醚提取，然后还原成苯甲酸，经净化提取后用气相色谱仪分离、测定，由峰高在标准曲线上求样品液中过氧化苯甲酰浓度，再根据计算公式计算样品中过氧化苯甲酰含量。

液相色谱法

方法原理：样品中过氧化苯甲酰经碘化钾还原为苯甲酸后，采用高效液相色谱法进行定量测定，由峰高在标准曲线上求样品液中过氧化苯甲酰浓度，再根据计算公式计算样品中过氧化苯甲酰含量。

安全标准

2011年3月1日，卫生部等6部门发布公告，自2011年5月1日起，禁止在面粉生产中添加过氧化苯甲酰、过氧化钙，食品添加剂生产企业不得生产、销售食品添加剂过氧化苯甲酰、过氧化钙。

07 工业漂白剂漂白的
毒面粉（食）

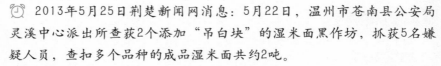

📧 事件盘点

⏰ 2013年5月25日荆楚新闻网消息：5月22日，温州市苍南县公安局灵溪中心派出所查获2个添加"吊白块"的湿米面黑作坊，抓获5名嫌疑人员，查扣多个品种的成品湿米面共约2吨。

⏰ 2013年6月6日中国食品安全网消息：为了延长面条、麻食等面食的保质期，西安市老糜家桥村两家面食加工店的老板竟然将工业甲醛兑入水中来和面，劳动南路派出所根据陕西省公安厅转来的群众举报，查封了这两家面食加工店，并将2名涉案的黑心老板刑拘。

🔍 揭秘不安全因素

大家都喜欢吃用精白面粉制成的面条、馒头等食品，特别是颜色白皙、色泽光亮的面食制品更受人们的青睐。正是这种对"白色"面食的喜好，促使一些黑心厂家在面粉中添加国家早已明文禁止使用的毒性很大的多种工业漂白剂（主要有甲醛、吊白块、荧光粉、福尔马林、亚氯酸钠）进行造假，以达到增白及增重的目的，严重危害消费者健康。

甲醛：为无色、有刺激性气味的气体，易溶于水，其35%~40%的水溶液俗称"福尔马林"，在消毒、熏蒸和防腐过程中常用。甲醛除了会引起刺激性皮炎，还会对人的呼吸器官黏膜产生强烈刺激，人体长期微量摄入会影响生育，甚至致癌。

吊白块：化学名为"甲醛合次硫酸氢钠"，常用于工业漂白剂、还原剂等。由于它对食品的漂白、防腐效果明显，价格低廉，因此被不法商家在米粉、面食加工中长期使用。面条、粉丝、腐竹放入吊白块可变得韧性好、爽滑可口，不易煮烂。但吊白块在食品加工过程中会分解产生甲醛，有毒性，摄入10克即可致人死亡。因此，我国禁止使用吊白块增白食品。

荧光粉：又名"荧光增白剂"或"荧光漂白剂"，主要应用在工业行业，其增白作用主要是靠反光产生的，对人体十分有害，绝不在国家允许使用的面粉加工添加剂之列。

福尔马林：35%~40%的甲醛水溶液叫做福尔马林，是一种具有刺激性气味的无色液体。因其能有效地杀死细菌繁殖体以及抵抗力强的结核杆菌、病毒等，所以有一定的保鲜防腐作用。多用于畜禽棚舍、仓库、皮毛、衣物、器具等的熏蒸消毒和标本、尸体防腐。

亚氯酸钠：是一种白色粉末，主要用于纤维、纸浆中的工业漂白剂。加在黄色面粉中能使面制品颜色白皙、色泽光亮，但对人体十分有害。

掺伪检验

感官鉴别

看颜色：经漂白后的面（食）其颜色呈现雪白色，若漂白时间过长或是漂白剂严重超标时，面（食）则呈现出灰白色；而未经漂白的面（食）一般呈现微黄色或是白里透黄。

闻味道：漂白后的面（食）失去了面（食）原有的麦香味，有的甚至还有化学试剂即漂白剂的味道；而正常面粉闻起来有一股麦香味。

尝口感：漂白后的面（食）口感较差，尝起来微苦，并有一种刺喉感；未经漂白的面（食）味道则淡甜纯正，口有余香。

理化检验

食品中吊白块的检验

方法原理： 吊白块与醋酸铅反应，生成棕黑色化合物。

操作方法： 取样品磨碎，加10倍量的水混匀，加入盐酸溶液，再加入2克锌粒，迅速在瓶口包1张醋酸铅试纸，放置1小时。观察颜色变化，同时做对照试验。如果试纸变为棕色至黑色为阳性，如果试纸不变色为阴性。

荧光增白剂的检验

方法原理： 掺有荧光增白剂的小麦粉在紫外光照射下会产生蓝紫色荧光，而正常面（食）无荧光现象。据此，将样品放在荧光剂下或在荧光剂下用紫外灯照射，荧光的显现则可证实掺有荧光增白剂。

安全标准

国家标准《食品中可能违法添加的非食用物质名单（第一批）》中明确规定腐竹、粉丝、面粉、竹笋等制品中不允许添加吊白块、硼砂和乌洛托品等非食用物质。

08 掺入杂质增重的
问题面粉

事件盘点

⏰ 2012年12月17日半岛网消息：近日，山东平度市质监部门联合警方将山东平度市良金面粉厂依法查处，执法人员在仓库内当场查获滑石粉200余袋和已掺入滑石粉的面粉200余袋。据工人透露，这家面粉厂一般每半个月购进10吨滑石粉，全部掺入到面粉中去。

⏰ 2010年4月7日正义网消息，江苏如皋一家食品添加剂公司被发现在生产面粉增白剂时加入了石灰粉，含量竟达30%。大约每4斤增白剂里加了1斤石灰粉，这些面粉增白剂经由中间商销往山东、江西、安徽等地的大中型面粉企业，继而变成百姓的食物。

揭秘不安全因素

面粉是人们生活的必需食物，有些商家为了降低成本、提高利润，在面粉中掺入大量廉价的滑石粉、大白粉和石灰粉等，以达到增白增重的目的。滑石粉未被列入我国的《食品添加剂使用卫生标准》里，长期大量摄入有可能会致癌。

滑石粉：为白色或类白色、微细、无砂性的粉末，手摸有油腻感，其主要成分为硅酸镁，若长期食用会导致口腔溃疡和牙龈出血，直接威胁身体健康。

大白粉：是以方解石为主要成分的碳酸盐，又称腻子粉，是家庭装修中对墙面找平的常用材料，一般在大白粉中加入纤维素、白乳胶和水，搅成稠状，用以披墙壁面、屋顶，为防止其开裂、脱落，可于底层涂上一层界面剂。

石灰粉：以碳酸钙为主要成分的白色粉末状物质，应用范围非常广泛，最常见的是用于建筑行业，也就是工业用的碳酸钙；另外一种是食品级碳酸钙，作为一种常见的补钙剂被广泛应用。

掺伪检验

感官鉴别

看色泽：好的白面粉以及面制品应为白色或微黄本色，使用大量增白剂的面粉及制品呈雪白色。掺假面粉在和面时会发现面团松散，软塌，难以成形，食之肚胀。

闻气味：好的面粉有一股面粉固有的清香气味，而使用增白剂的面粉淡而无味，甚至带有少许化学药品味，增白剂过多的面粉蒸出的面食异常白亮，但没有面食特有的香味。

比价格：一般掺假的面粉比正常面粉要便宜，因此在购买时莫贪便宜。

小实验：将面粉放入水中搅拌，正常情况下应为糊状。若底部出现沉积物则为掺假面粉。

■ 理化检验

掺滑石粉、大白粉和石灰粉的小麦粉检验（灰分检验法）

方法原理：正常小麦粉中矿物质(以灰分计)的含量：特制粉不超过0.75％，标准粉不超过1.2％，普通粉不超过1.4％。若小麦粉中掺入了滑石粉、大白粉和石灰粉等时，由于这些物质都是无机物，皆能使小麦粉中的灰分增加。在灰分中测出钙离子、硫酸根、二氧化硅，就能定性判断掺入的物质。

操作方法：称取一定量的面粉于坩埚中，先在电炉上炭化，然后放在550℃的马弗炉中灰化2小时。取出放冷，用少量稀硝酸将残渣润湿后再灰化2小时，取出放冷称重，计算灰分含量。

评价与判断：正常小麦粉的灰分为0.75%~1.4％，如果小麦粉中检验出的灰分在1.4%~2％，则认为有可疑现象，如果灰分在2%以上，说明小麦粉中掺入了滑石粉、大白粉等无机物。

安全标准

国家规定的面粉质量指标有加工精度、灰分、粗细度、面筋、含沙量、磁性金属物、水分、脂肪酸值、气味和口味等九项。如灰分含量不超过1.40％，含沙量要求小于0.02%，磁性金属物小于0.03g/kg，超过就是不合格产品。

■ 延伸阅读

面粉的质量要求与技术标准

我国国家标准规定，小麦粉按加工精度分为四个等级：小麦粉加工精度是以粉色麸星来表示的。粉色指面粉的颜色，麸星指面粉中麸皮的含量。检验时按实物标准样品对照，粉色是最低标准，麸星是最大限度。

09 硫磺熏蒸的漂白馒头

事件盘点

⏰ 2011年5月22日,《中国都市报》接到市民王先生向本报热线反映,称在海口市秀英区新村有馒头加工点,利用硫磺将馒头熏白并出售给市民。记者找到该馒头加工点,并向秀英工商所举报,秀英工商所工作人员经过调查取证后,发现该加工点属于无证生产销售,随后将加工点取缔。记者从业内人士获悉,馒头变白有好几种办法,一种是往面粉里添加增白剂,有漂白粉、吊白块等,一袋面粉中大约加二三两。最省钱的办法就是在馒头蒸好之后,在笼屉的下方,放入点燃的硫磺,"只要乒乓球大一块,就能熏两三千个馒头"。好多馒头有硫磺味儿。

揭秘不安全因素

馒头是人们的主食,市场上有些小贩卖的馒头蓬蓬松松、洁白美观,很是诱人,但走近一闻,即可嗅到一股刺鼻的硫磺味,这就是用硫磺熏蒸的馒头。蒸馒头时放入硫磺,会使馒头表面白亮,感官效果较好,但破坏了面粉中的维生素B_1,影响人体对钙的吸收。同时,硫与氧发生反应,产生二氧化硫,遇水而产生亚硫酸,亚硫酸对胃有刺激作用。如果熏蒸食品用的是工业用硫,食用后会中毒。

硫磺:是一种化工原料,硫磺燃烧能起漂白、保鲜作用,使物品颜色显得白亮、鲜艳。硫磺燃烧后能产生有毒的二氧化硫,会毒害神经系统,损害心脏、肾脏功能。我国规定仅限于干果、干菜、粉丝、蜜饯、食糖的熏蒸,不允许使用硫磺熏蒸面食制品。

掺伪检验

感官鉴别

观颜色:经硫磺熏蒸过的馒头与正常的馒头比起来会显得异常白,而且表皮发亮,手沾水搓时则会发现其易碎。

闻气味:硫磺馒头仔细闻时会闻出硫磺气味,而正常馒头闻起来有一股纯正的面粉香味。

看外观：冷却后的馒头再次蒸热，若体积缩小，且变得又黄又硬，就是硫磺熏蒸过的。

■ 理化检验

熏蒸面食制品中硫磺含量的检验

方法原理：硫磺与氧作用生成二氧化硫，二氧化硫遇水又生成亚硫酸。以碘标准液滴定亚硫酸至呈现蓝色，消耗碘标准溶液的体积计算二氧化硫。

操作方法：称取试样20g（精确至0.01g），放于小烧杯中，用蒸馏水将试样洗入250mL容量瓶中至刻度，摇匀，用移液管吸取澄清液50mL，注入250mL碘价瓶中，加入1mol/L氢氧化钾溶液25mL，振荡放置10min，然后一边振荡一边加入1：3的硫酸溶液10mL、0.1％的淀粉溶液1mL，以碘标准液滴定至呈现蓝色并0.5分钟不褪色为止，同时做空白试验。

安全标准

我国《食品添加剂使用标准》（GB 2760—2011）规定，允许使用硫磺对蜜饯、干果、干菜、粉丝、食糖等进行熏蒸加工。同时，熏制品的硫磺必须达到食品级添加剂卫生标准。国家规定不允许使用硫磺熏蒸面食制品。

《小麦粉馒头》（GB/T 21118—2007）明确规定：不得使用添加吊白块、硫磺熏蒸等非法方式增白。

■ 延伸阅读

硫磺能用来熏蒸食品吗？

硫磺是国家允许使用的一种食品添加剂，它属于漂白剂。硫磺本是合法的食品添加剂，只是"不法商贩"没有按照限定的范围和剂量来使用它，这种行为即是非法添加。

商贩用硫磺熏馒头、笋丝、腐竹、生姜，是为了让这些食品更白，用硫磺熏辣椒，是为了不让它们生出褐色斑点。用硫磺熏馒头、生姜，是超范围使用食品添加剂，这种做法肯定是非法的；用硫磺熏笋丝、腐竹等干菜制品倒是允许的，须在规定的范围和限量内使用漂白剂，但个体商贩无法掌握正确的熏制技术与用量，这种做法同样也是违法的。

10 色素调染的 "玉米馒头"

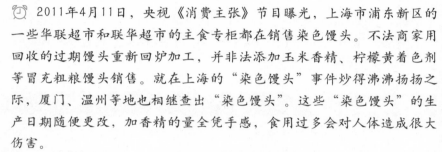

事件盘点

⏰ 2011年4月11日，央视《消费主张》节目曝光，上海市浦东新区的一些华联超市和联华超市的主食专柜都在销售染色馒头。不法商家用回收的过期馒头重新回炉加工，并非法添加玉米香精、柠檬黄着色剂等冒充粗粮馒头销售。就在上海的"染色馒头"事件炒得沸沸扬扬之际，厦门、温州等地也相继查出"染色馒头"。这些"染色馒头"的生产日期随便更改，加香精的量全凭手感，食用过多会对人体造成很大伤害。

⏰ 2011年4月13日，上海市质量技术监督局吊销了生产"染色"馒头的上海盛禄食品有限公司分公司的食品生产许可证。公司法人代表等5名犯罪嫌疑人被相关部门依法刑事拘留。

揭秘不安全因素

现代人更加注重身体健康，饮食上讲究荤素搭配，所以一些粗粮食品如玉米馒头、黑米馒头等开始广受欢迎，价格也随之上涨。一些生产企业在加工馒头时加入色素等添加剂，或把回收回来的白馒头添加色素，以此充当"玉米馒头"。染色馒头中掺有防腐剂山梨酸钾、甜味剂甜蜜素和色素柠檬黄。据我国《食品添加剂使用卫生标准》规定，可以使用的添加剂中没有山梨酸钾，允许添加甜蜜素和柠檬黄的食品中也不包括发酵面制品。如果长期过度食用甜味剂超标的食品，就会因摄入过量而对人体造成危害，尤其是对肝脏和神经系统造成危害；食用柠檬黄会导致儿童多动症，甚至使智商降低。

香精：人工合成香精主要是从石化产品和煤焦油中提取的酸、醇、酚、醚、酯等类物质，由于配方及原料不同其香味也不同，有的有毒，有的没毒，不过多数无毒。若超量添加或长期食用，就会对身体健康带来极大的危害。

柠檬黄：即食用黄色5号，为水溶性色素，属于食品合成着色剂，有着色力强、色泽鲜明、不易褪色、稳定性好等特点。当摄入量过大，超过肝脏负荷时，会在体内蓄积，对肾脏、肝脏造成一定伤害。

甜蜜素：是一种常用甜味剂，其甜度是蔗糖的30~40倍。如果经常食用甜蜜素含量超标的食品，就会因摄入过量对人体的肝脏和神经系统造成危害，特别是对代谢排毒的能力较弱的老人、孕妇、小孩危害更明显。

山梨酸钾：是一种防腐剂，对人有极微弱的毒性，可以被人体代谢。一些厂家为了节约成本，使用具有毒性的苯甲酸钠替代山梨酸钾，增加患上癌症等各类疾病的可能性。

掺伪检验

感官鉴别

看：真正的玉米面或黑米馒头颜色一般不均匀，尤其是玉米面馒头仔细看还会有一些红色、白色、褐色等小颗粒，这是天然的玉米小纤维颗粒。而"色素"馒头则颜色均匀，比较光滑，也看不出玉米等其他粗粮的纤维颗粒。全麦馒头中也应该能够看到细碎的麦麸。

闻：天然的粗粮馒头闻起来会有一股粮食的香甜味道，但这种味道很清淡，而加了甜蜜素或香料等添加剂的馒头则闻起来有股很冲的甜香味，甚至有点刺鼻。

泡：买回家先别吃，吃之前可以将馒头掰碎泡入水中，观看水的颜色，如果水的颜色变得与馒头的颜色一样，那就是"色素"馒头。水的颜色越鲜亮，馒头中色素的含量也越高。

尝：真正的杂粮馒头，质地都会相对密实，咬起来很紧实，因为其中粗纤维含量比较高，所以吃起来口感比较粗糙，嚼起来有点扎扎的感觉。而且天然的杂粮馒头仔细吃会有淡淡的甜味，但不明显，如果馒头吃起来有明显的甜味，则可能是添加了甜蜜素或其他甜味剂。

安全标准

据我国《食品添加剂使用卫生标准》规定：可以使用的添加剂中没有山梨酸钾，允许添加甜蜜素和柠檬黄的食品中也不包括发酵面制品。

11 韧劲十足的 硼砂面条

事件盘点

⏰ 2013年7月4日《长江商报》消息，一无良老板卖毒面条被查。为使生产的面条筋道，面条加工老板在原料中添加有毒物质硼砂，含量达858mg/kg，并将毒面条卖给附近面馆。7月1日，洪山警方联合区质监局、卫生局等部门，一举查获了这家生产"毒面条"的作坊，这名无良老板因涉嫌生产、销售有毒有害食品罪被移送起诉。

⏰ 2012年9月14日，河北省工商局接到沧州工商局的报告，称五得利面粉中涉嫌检出硼砂，工商局立即采取了措施，在河北省内对流通环节中同厂家、同品牌、同规格、同批次的五得利面粉暂停销售，下架封存。五得利面粉这一事件被称为"硼砂门"。

揭秘不安全因素

面条早已不仅仅是北方人喜欢的面食，南方人也喜欢；但黑心商贩们为了延长面条的保存期，改变面条的口感，让面条更加筋道，竟然在面粉中掺入有毒化工原料——硼砂。硼砂是制作消毒剂、保鲜防腐剂等的原材料，曾在药皂中使用，对治疗皮肤病有很好的效果。但硼砂是人体限量元素，若摄入过多硼砂，对人体危害极大，连续摄入会在体内蓄积，影响消化道内酶的作用，引起急性中毒，严重的会引起死亡。国家已有明确规定，硼砂不能作为食品添加剂使用。

硼砂：为硼酸钠的俗称，是一种无色半透明晶体或白色结晶粉末，硼砂作为制作消毒剂、保鲜防腐剂等的原材料，被掺进面条中，用于改善面条的色泽和保鲜，并有增加弹性和膨胀的作用，但硼砂对人体是有危害的。

掺伪检验

感官鉴别

看颜色：添加了硼砂的面条白而微黄，而正常的面条呈乳白色。

试手感：硼砂面条用手摸起来较正常面条要滑爽。

用水煮：将面条放入水中煮熟后，若其面汤清，而面条弹性较强，则可判断为硼砂面条。

理化检验

硼砂的姜黄试纸特性检验法

方法原理：硼酸盐能使姜黄试纸变为棕红色，由此加以鉴别。

操作方法：取样品浸渍液少许于一个小容器中，滴加10%盐酸溶液使溶液pH值到3以下，充分混匀，用姜黄纸尖端沾取样品溶液后取出，待试纸晾干后观察试纸变色情况。

结果判断：不变色为阴性结果；橘橙色时可初步判断为阳性结果，将试纸条橘橙色变色区域放在开口的氨水瓶上熏一下，变为绿色时可进一步确定含有硼酸盐成分。

硼砂的焰色反应检验法

置灰分于坩埚中，加硫酸数滴及乙醇数滴，直接点火，若有硼砂存在，火焰呈绿色。

安全标准

在《食品中可能违法添加的非食用物质和易滥用的食品添加剂名单》中，硼砂是被明令禁止的非食用物质，不能作为食品添加剂使用。

延伸阅读

众所周知，兰州拉面筋道好吃，蓬灰起到了至关重要的作用，但是现在很多人质疑蓬灰的安全性，它到底能不能用于拉面中？

蓬灰的主要成分是碳酸钾，分子式K_2CO_3，分子量是138。蓬灰是用蓬柴草烧制而成的草灰，加在拉面里可以增加拉面的口感，会比较"筋"一些。

拉面剂（蓬灰）是兰州大学研制的食品添加剂，它是传统蓬灰的优良替代品，完全克服了传统蓬灰（传统的兰州拉面剂）重金属含量高、生产过程容易破坏环境的缺点，经过甘肃省各级质检部门的严格论证和检验，并通过了国家卫生部的审核，是一种安全卫生的新一代的食品添加剂。生产厂家应严格按照《食品安全国家标准 复配食品添加剂通则》（GB 26687—2011）来生产拉面剂，这样生产的拉面剂是安全的。

12 金黄蓬松的 发泡剂油条

📋 事件盘点

⏰ 2013年5月9日,《华西都市报》报道:昨日,记者从四川省食品药品监督管理局获悉,今年1~3月,在对全省21个市州抽取的32个油条样本中,对膨松剂中铝残留量进行检测,结果显示15个样本不合格,不合格率为46.9%。

⏰ 2012年7月15日,《城市信报》报道:近日,记者调查了解到,目前在市面上的油条多数并不是直接添加明矾,而是添加了一种被称为"油条精"的东西,加入"油条精"后,炸出的油条个头大、色泽好、口味好。同时,记者了解到,有的早餐摊制作油条除了用"油条精"、明矾,还会使用洗衣粉。

🔍 揭秘不安全因素

油条是百姓餐桌上的传统早餐,有些黑心商贩向面粉中添加发泡剂,如洗衣粉、明矾或"油条精",这样炸出的油条蓬松胀大,颜色金黄,既减少用油量,又缩短油炸时间,以达到多盈利的目的。在不知情的情况下,不少消费者选购了这种油条做早餐,一般来说,人食用后,不太容易出现临床上的疾病反应,但是如果长期、大量食用,会对人体造成潜在的疾病危害;同时,由于油条里面加入了大量的明矾或"油条精"等物质,造成油条铝超标,对人体的危害极大。

明矾:即十二水合硫酸铝钾,是含有结晶水的硫酸钾和硫酸铝的复盐。溶于水,不溶于乙醇。明矾中含有的铝对人体有害,长期食用会引起记忆力衰退、痴呆等严重后果。

油条精:是一种食品添加剂,里边不但有明矾,还有碱等多种物质,用油条精炸出的油条个头大、色泽纯正、香脆可口,同时还能省油。

洗衣粉:含有十二烷基苯磺酸钠,是一种洗涤剂,不属于食品添加剂,更不能用作食品发泡剂。洗衣粉的原料主要来自废弃的油脂和石油化工产品,含有阴离子表面活性剂、非离子表面活性剂、聚磷酸盐软水剂、漂白剂、增艳剂等成分,如果长期、大量食用，会出现不同程度的中毒症状。

❻ 掺伪检验

▎感官鉴别

看外观：掺有洗衣粉的油条表面特别光滑，对着光看，上面可见浮着的闪烁的小颗粒，即是洗衣粉中的荧光物质。

查质地：用酵母、纯碱、明矾发出的油条，质地松软，掰开后的断面呈海绵状，气孔细密均匀；而掺有洗衣粉的油条，往往出现大孔洞。

尝口感：正常发酵的油条，有固有的发酵或油炸香味，而不正常发酵的，则口感平淡。

用水泡：掺有洗衣粉的油条较易松散。

▎理化检验

油条掺入洗衣粉的检验

方法原理：洗衣粉中的十二烷基苯磺酸钠在365nm波长的紫外线分析仪下观察，有银白色荧光。

操作方法：油条或油饼浸渍滤液置于5~10mL试管中，在365nm波长紫外分析仪下观察荧光。如果浸渍液呈银白色荧光，说明油条或油饼掺杂有洗衣粉，灵敏度为1%；如果浸渍液呈无荧光的黄色，证明是正常油条或油饼。

油条中铝残留的检验

方法原理：样品经处理后，三价铝离子在乙酸–乙酸钠缓冲介质中，与铬天青S及溴化十六烷基三甲胺反应形成蓝色三元络合物，于640nm波长处测定吸光度并与标准比较定量。

安全标准

根据世界卫生组织的评估，规定铝的每日摄入量为0~0.6mg/kg，这里的kg是指人的体重，即一个60kg的人允许铝摄入量为36mg。

我国《食品添加剂使用标准》（GB 2760—2011）中规定，铝的残留量要小于等于100mg/kg。

13 毒过砒霜的 地沟油

🔲 事件盘点

⏰ 新型地沟油事件：指变质内脏地沟油，即由腐烂变质的动物内脏、皮、肉提炼成为地沟油。2012年5月2日，据媒体报道，最近在公安部统一指挥下，浙江、上海和重庆等6省市公安机关集中行动，经过追踪调查，摧毁了一个跨省新型地沟油制造窝点，该案涉案主犯有4人，他们聘请外地工人利用动物废弃内脏以及变质内脏炼制地沟油，然后经过一些油脂公司精加工以后以牛油的身份添加至饼干、火锅底料等食品中，严重影响了食品市场的安全。

⦿ 揭秘不安全因素

地沟油是各类劣质油的通称，包括下水道中的油腻漂浮物或者宾馆、酒楼的剩饭、剩菜经过简单加工、提炼出的油，劣质猪肉、猪内脏、猪皮加工提炼后产出的油以及油炸食品的油使用次数超过规定要求后，再被重复使用或往其中添加一些新油后重新使用的油。

地沟油的制作过程注定了它的不卫生，其中含有的大量细菌、真菌等有害微生物，一旦到达人的肠道，轻者会恶心、呕吐，重者则会引起腹泻、腹痛等一系列肠胃疾病。地沟油中含有黄曲霉毒素、苯并芘、砷、铅等多种有毒有害物质，其毒性是砒霜的100倍，可以导致胃癌、肠癌、肾癌及乳腺、卵巢、小肠等部位癌肿。

有一些不法商贩受利益驱动而不顾人民群众生命安全，私自生产加工地沟油并作为食用油低价销售给一些小餐馆。经调查，目前我国每年返回餐桌的地沟油有200万~300万吨，严重影响消费者的身心健康。

苯并芘：是由一个苯环和一个芘分子结合而成的多环芳烃类化合物，具有致癌、致畸、致突变性，是目前世界公认的三大强致癌物质之一。

黄曲霉毒素：被世界卫生组织的癌症研究机构划定为1类致癌物，是一种毒性极强的剧毒物质。黄曲霉毒素的危害性在于对人及动物肝脏组织有破坏作用，严重时可导致肝癌甚至死亡。

掺伪检验

感官鉴别

看外观：看透明度，纯净的油呈透明状，如在生产过程中由于混入了碱脂、蜡质、杂质等物，透明度会下降；看色泽，纯净的油为无色，在生产过程中由于油料中的色素溶于油中，油才会带色；看沉淀物，其主要成分是杂质。

闻气味：每种油都有各自独特的气味。在手掌上滴一两滴油，双手合拢摩擦，发热时仔细闻其气味，有臭味的很可能就是地沟油。

尝味道：用筷子取一滴油，仔细品尝其味道。口感带酸味的油是不合格产品，有焦苦味的油已发生酸败，有异味的油可能是地沟油。

听声音：取油层底部的油一两滴，涂在易燃的纸片上，点燃并听其响声。燃烧正常无响声的是合格产品；燃烧不正常且发出"吱吱"声音或"噼叭"爆炸声的，是不合格产品，绝对不能购买。

问商家：问商家的进货渠道，必要时索要进货发票或查看当地食品卫生监督部门抽样检测报告。

理化检验

电导率法

方法原理：利用金属离子浓度与电导率之间的关系，通过检测油的电导率即可判断油中金属离子量。多次实验表明，地沟油电导率是一级食用油的5~7倍，由此可以准确识别出地沟油。

安全标准

我国《食用植物油卫生标准》（GB 2716—2005）规定，植物油中总砷不大于0.1mg/kg，铅不大于0.1 mg/kg，黄曲霉素B_1不大于20μg/kg，苯并芘不大于10μg/kg。

国家出台的《食品生产经营单位废弃食用油脂管理的规定》明确要求，不得将废弃油脂加工以后再作为食用油脂使用或销售。

延伸阅读

1. 压榨油食用时应先将锅加热再放油。热锅下凉油，油的营养不容易丢失。
2. 浸出油食用时应凉锅下油，油热后放菜。油烧热下菜，可以去除浸出油里的杂质。
3. 花生油做菜时放少量的盐，可以去除花生油里的黄曲霉素。

14 形形色色的 掺假调和油

📋 事件盘点

⏰ 2012年9月3日，中国之声《新闻纵横》报道：眼下，超市货架上的食用调和油琳琅满目，大豆调和油、花生调和油、橄榄调和油等各种调和油中，究竟含多少大豆、花生和橄榄？在油壶的包装上并没有标出。因为没有国家标准，一桶花生调和油中含有的纯花生油，也许超过1/3，也许不足10%，甚至只有花生香精。相关油料的具体比例，为什么变成了企业自己才知道的"机密"？

🔍 揭秘不安全因素

调和油：顾名思义，就是将两种以上的植物油按比例调配成的食用油。因为含有菜籽、大豆、花生等多种营养物质，调和油正成为人们购买油类产品时的热门选择。但是，目前一些生产经营者为了谋取暴利，往往在高价植物油中掺入廉价植物油，如菜籽油中掺入棕榈酸；甚至还有的厂家将国家禁用的有毒油脂或将过期变质油品掺入合格油中以次充好。例如，在食用油中掺入有毒的、非食用的矿物油、桐油、蓖麻油等。这种做法不但欺骗了消费者，同时也带来了更多的健康隐患。

棕榈油：棕榈油常温下是凝固的；油烟小，耐储藏，广泛用于烘烤食品、油炸食品等。棕榈油含有不利于人体健康的物质，人食用后，还可能产生消化道系统的一系列不良反应。由于价格较低，多被掺入其他食用油中使用。

蓖麻油：为浅绿色，因原料蓖麻子中含有蓖麻毒素，可引起中毒。

矿物油：又叫石蜡油、液体石蜡，是石油提炼所产生的副产品（下脚料）的总称，也称基础油，其中的多环芳烃、荧光剂等杂质对人体有致畸、致癌作用。

桐油：为工业用油，是一种有毒、有害物质，人食用后，可引起中毒症状。但是由于桐油无异味、色泽好、价格低，且与食用植物油（豆油、花生油）的感官性状极其相似，就有一些个体小贩以此来代替食用油。

掺伪检验

感官鉴别

看色泽：一般高品味油色浅，低品味油色深(香油除外)，油的色泽深浅也因其品种不同而略有差异。

看沉淀：高品位油无沉淀和悬浮物，黏度小。

看分层：若有分层则很可能是掺假的混杂油(芝麻油掺假较多)。

闻气味：各品种油有其正常的独特气味，而无酸臭异味。

查商标：对小包装油要认真查看其商标，特别要注意保质期和出厂期，无厂名、无厂址、无质量标准代号的，要特别注意，千万不要上当。

看透明度：一般高品位油透明度好，无混浊。

理化检验

食用植物油中掺入桐油的鉴别检验（硫酸法）

方法原理：浓硫酸与桐油反应，凝成深红色固体，同时颜色逐渐加深，最后变成炭黑色。

操作方法：白色瓷板上加油样数滴，再加浓硫酸2滴，放置后观察现象。花生油显棕红色，芝麻油显棕黑色，葵花籽油显棕红色，豆油、菜籽油、棉籽油显棕褐色，棕榈油显橙黄色。适用于大豆油、棉籽油或深色食用植物油中掺入桐油的检验，但不适用于芝麻油中混有桐油的检验。

食用植物油中掺入蓖麻油的鉴别检验（呈色法）

方法原理：蓖麻油与硫酸、硝酸反应，呈褐色。

操作方法：取数滴油样于白瓷盘中，滴加数滴硫酸。如果呈淡褐色，说明掺有蓖麻油。或者取数滴被检油样于白瓷盘中，滴上数滴硝酸，如果呈现褐色，则表明掺有蓖麻油。

食用植物油脂掺入矿物油的鉴别检验（荧光法）

方法原理：矿物油具有荧光反应，而植物油均无荧光，所以可用荧光法检出。矿物油呈天青色荧光。

安全标准

我国《食用植物调和油国家标准》2005年就已经开始制定，后来形成过行业内征求意见稿、送审稿，2008年调和油国家标准曾向社会各界公开征求意见，但随后并没有发布，中国食用调和油的标准亟待规范。

15 一半掺假的"问题香油"

事件盘点

⏰ 2013年5月13日，据中国之声《新闻纵横》报道，有业内人士爆料，香油掺假早已是行业里"公开的秘密"，一些便宜的香油大部分是用香精、色拉油勾兑出来的。更有甚者，用的是更为廉价的四级玉米油加香精、色素，勾兑出来的"芝麻油"和芝麻毫无关系。而这些问题香油主要流向了农贸市场和饭店，消费者和品牌芝麻油企业却吃了大亏。特别是这一情况的持续已经影响到国内芝麻的种植，整个产业链出现危机。

揭秘不安全因素

香油又称芝麻油，应当是焙炒过的芝麻籽采用压榨、压滤、水代等工艺制取的具有浓郁香味的油品，所有成品芝麻油都必须由芝麻原油经精炼加工制成；由于芝麻油的制作成本高，一些不法商贩使用低价的食用油加入香精、色素勾兑出假芝麻油进行销售；更有甚者，用的是更为廉价的四级玉米油加香精、色素，勾兑出来的"芝麻油"和芝麻毫无关系，从中牟取暴利。掺杂掺假的香油可能影响人体的消化、呼吸系统，还可能引起腹泻、呼吸困难等不适症状。

芝麻油香精：属于化学合成产品，如果不按规范使用，就是滥用食品添加剂。在假芝麻油的加工过程中，如果超量使用了食用香精，会给人体的消化系统和呼吸系统带来一定影响，严重的可能会引起腹泻、呼吸急促、呼吸困难等症状。若所用香精属于伪劣产品的话，危害会更大。

掺伪检验

感官鉴别

看色泽：不同的植物油，有不同的色泽，可倒点油在手心上或白纸上观察，大磨麻油淡黄色，小磨麻油红褐色，豆油棕黄色，毛棉籽油红黑色，精炼棉籽油橙黄色，菜油棕色，花生油深黄色。目前集市上出售的芝麻油，掺入的多是毛棉籽油、菜籽油等，掺入毛棉籽油后的油色发黑，掺入菜油后的油色呈棕黄色。

闻气味：每种植物油都具有它本身种子的气味，如芝麻油有芝麻香味，豆油有豆腥味，菜油有菜子味，棉料油有棉花籽味，花生油有花生仁味等。如果芝麻油中掺入了某一种植物油，则芝麻油的香气消失，而含有掺入油的气味。

看亮度：在阳光下观察油质，纯质芝麻油，澄清透明，没有杂质；掺假的芝麻油，油液混浊，杂质明显。

看泡沫：将油倒入透明的白色玻璃瓶内，用劲摇晃，如果不起泡沫或有少量泡沫，并能很快消失的，说明是真芝麻油；如果泡沫多，成白色，消失慢，说明油中掺入了花生油；如泡沫成黑色，且不易消失，闻之有豆腥味的，则掺入了豆油。

尝滋味：纯质芝麻油，入口浓郁芳香；掺入菜油、豆油、棉籽油的芝麻油，入口发涩。

理化检验

硫酸反应法

方法原理： 因为芝麻油中含有芝麻酚类物质，与浓硫酸反应时变棕黑色。

操作方法： 取浓硫酸数滴于白瓷板上，加入油样2滴，观察颜色。如显棕黑色，则为芝麻油，否则非芝麻油（花生油显棕红色；豆油、菜籽油、棉籽油显棕褐色；棕榈油显橙黄色；葵花籽油显棕红色）。

蔗糖反应法

方法原理： 因为芝麻油中的色素类物质可溶解于蔗糖的盐酸溶液中，脂肪溶解于石油醚中，从而下层水中显色。

操作方法： 取油样2滴于试管中，加石油醚、蔗糖盐酸溶液各3mL，缓慢摇动15min，加2mL水，摇匀观察。如果水层显红色，则为芝麻油，否则非芝麻油。

安全标准

国家标准《芝麻油》（GB/T 8233—2008）明确规定：芝麻油（香油、麻油、小磨香油）不得掺有其他食用和非食用油，不得添加任何香精和香料，这个标准为强制规定。

第一章 肉禽蛋类及其制品

16 细菌滋生的 注水肉

注水肉

📖 事件盘点

⏰ 2012年4月下旬，徐州商务局稽查部门联合警方对市区一家屠宰厂进行突击检查，查获大量注水活牛。市工商部门随后也开展了全市范围内的农贸市场大检查，重点查处注水牛肉。

📷 揭秘不安全因素

注水肉是人为屠宰前一定时间给动物灌水，或者屠宰后向肉内注水，注水量有的可达净重量的15%~20%，从而牟取利益，主要见于猪肉和牛肉，是近年来常见的一种劣质产品。注水肉在侵害消费者权益的同时，也把各种寄生虫、致病菌带到肉里去，造成严重污染和危害。

肉的品质降低：不洁净的水进入动物的肌体后会引起机体的体细胞膨胀性破裂，导致蛋白质流失。肉汁中的生化内环境及酶生化系统遭受到不同程度的破坏，使肉的尸僵成熟过程延缓，从而降低了肉的品质。

病原微生物的污染：注水后肉里水质含病原微生物，加上操作过程中缺乏消毒手段，将产生大量细菌毒素物质，加快肉品腐败的速度，从而给人们的健康造成严重的危害。

对人体有潜在危害：不法分子往猪肉里注入的往往是污水，检验中发现，一些屠宰户经常使用旧农药喷雾器给猪肉注水，而喷雾器里的农药残留明显。吃了含有农药的注水猪肉后，会导致残留农药在人体内积蓄，长期食用会导致基因突变，引发疾病，严重的会致癌，如果是孕妇还可能引起胎儿畸形等。

掺伪检验

感官鉴别

观肉颜色：正常肉呈暗红色，且富有弹性，经手按压很快能恢复原状，且无汁液渗出；而"注水肉"呈鲜红色，严重者泛白色，经手按压，切面有汁液渗出，且难恢复原状。

观肉切面：正常肉新切面光滑，没有或很少有汁液渗出；"注水肉"切面有明显不规则淡红色汁液渗出，切面呈水淋状。

吸水检验：用干净吸水纸，附在肉的新切面上，若是正常肉，吸水纸可完整揭下，且可点燃，完全燃烧；若是"注水肉"，则不能完整揭下吸水纸，且揭下的吸水纸不能用火点燃，或不能完全燃烧。

理化检验

肉中水分的定性测定：注水肉检测试纸

方法原理：正常畜禽肉的含水量在试纸上虹吸展开的距离有着一定的规律。当被检样品超出这一规律的常规值时，可判断出样品的含水量超出限定值。本法适用于畜禽肉含水量的现场快速检测。

操作方法：在被检的肌肉横断面上切一小口，将检测纸片掺入约1cm深处，将两侧肉体与试纸轻轻靠拢，等待2min，用尺子测量肉体表面以上部位的试纸吸水高度。

结果判断：吸水高度大于0.5cm以上的样品，可初步判定为注水肉，可送实验室进一步测定。

肉中水分的定量测定

直接干燥法

方法原理：样品与砂和乙醇充分混合，混合物在水浴上预干，然后在103℃±2℃的温度下烘干至恒重，测其质量的损失。

红外线干燥法

方法原理：用红外线将水分从样品中去除，再将干燥前后的质量差计算成水分含量。

安全标准

2010年新国标对畜禽肉水分限量作出了更加明确的限制：猪肉：<76.5%，牛肉：<76.5%，鸡肉：<76.5%，羊肉：<77.5%，鸭肉：<80%。新国标不仅添加了鸭肉这一新种类，每种肉类的水分限量指标也降低了0.5%。

17 脂肪超薄的 "瘦肉精"猪肉

超薄脂肪肉

📖 事件盘点

⏰ 2013年6月8日,深圳市食品安全监督管理局抽查位于福田区福华三路的餐饮名店——超级牛扒餐厅,查获未经动物卫生监督机构检疫牛肉441公斤,其中无合法来源证明的进口冷冻牛肉403公斤,国产鲜牛肉38公斤。6月25日,经权威部门检测,查获的进口牛肉含有莱克多巴胺(其值为4.72μg/kg),是"瘦肉精"的一种饲料添加剂,属不得检出项目;而其国产牛肉则存在注水问题。6月26日,多个部门联合执法,对前期线索进行深入调查。

📷 揭秘不安全因素

随着人们生活水平和健康意识的提高,瘦肉越来越受到人们的青睐,市场对于瘦肉的需求也越来越大。但是养殖户养殖一头瘦肉型的猪要比养殖一头普通型的猪成本高出许多;用"瘦肉精"把一头普通猪催变成瘦肉型猪,前后只要10~20天的时间,成本极低,利润高达200%。因此许多养殖户为迎合消费者,赚取高额利润,非法在猪的饲料中添加"瘦肉精"。近年来也出现了牛、羊、鹅等肉中检测出"瘦肉精"的事件。"瘦肉精"毒性较强,用药过多会出现肌肉震颤、心慌、头痛、恶心、呕吐等不良反应。长期食用,有可能导致染色体畸变,会诱发恶性肿瘤。

瘦肉精:学名盐酸克伦特罗,该药可以增加蛋白质的合成,添加在生猪饲料中可以使猪的肥肉明显减少,瘦肉增加。化学性质稳定,烹调时难以破坏它的毒性,进入体内后具有分布快、消除慢的特点。

莱克多巴胺:是"瘦肉精"的一种,用以助长猪、牛、火鸡生出肌肉。美国允许在一定限度内添加莱克多巴胺,但在我国,该药物因无法确定是否会对人体产生其他副作用,属禁用添加剂。

掺伪检验

感官鉴别

看猪肉脂肪（猪油）：看猪肉是否具有脂肪（猪油），如猪肉皮下就是瘦肉或仅有少量脂肪，通常不足1cm，则该猪肉就存在含有"瘦肉精"的可能。

观察瘦肉的色泽：含有"瘦肉精"的猪肉肉色较深，肉质鲜艳，颜色为鲜红色，纤维比较疏松，时有少量"汗水"渗出肉面；而一般健康的瘦猪肉是淡红色，肉质弹性好，肉上没有"出汗"现象。购买时一定看清该猪肉是否盖有检疫印章和检疫合格证明。

用pH值试纸检测：正常新鲜肉多呈中性和弱碱性，宰后1h pH值为6.2~6.3；自然条件下冷却6h以上pH值为5.6~6.0，而含有"瘦肉精"的猪肉则偏酸性，pH值明显小于正常范围。

理化检验

气相色谱–质谱法（GC–MS）

方法原理：试样剪碎，用高氯酸溶液匀浆，液体试样加入高氯酸溶液，进行超声加热提取，用异丙醇+乙酸乙酯（40+60）萃取，有机相浓缩，经弱阳离子交换柱进行分离，用乙醇+浓氨水（98+2）溶液洗脱，浓缩，经N,O–双三甲基硅烷三氟乙酰胺（BSTFA）衍生后于气质联用仪上进行测定。以美托洛尔为内标，定量。

高效液相色谱法（HPLC）

方法原理：试样剪碎，用高氯酸溶液匀浆，进行超声加热提取，用异丙醇+乙酸乙酯（40+60）萃取，有机相浓缩，经弱阳离子交换柱进行分离，用乙醇+氨（98+2）溶液洗脱，浓缩，流动相定容后在液相色谱仪上测定，外标法定量。

安全标准

我国明确规定不得在猪的养殖过程中使用瘦肉精，并在强制性国家标准中规定，瘦肉精在畜禽肉中的含量不得超过0.01mg/kg。

国家质检总局要求自2013年3月1日起，进口美国肉类的进口商或其代理人在入境口岸报检进口美国猪肉时，应当提供经有资质的检测机构出具的莱克多巴胺残留的检测报告。无法出示第三方关于莱克多巴胺检验的美国猪肉将被禁止入境。

18 未经检验检疫的 "问题猪肉"

📋 事件盘点

⏰ 2012年1月9日，四川省达州市城区畜牧部门在对沃尔玛例行检查时，发现沃尔玛超市的冻库内，储存有部分呈深红色的猪排骨。随后，执法部门立即查封了库房中同批次的猪排骨94.2kg和106kg灌香肠的猪碎肉。后经过对查封的猪排骨检测，认定该批产品系病害动物产品。

📷 揭秘不安全因素

"问题猪肉"泛指未经检疫检验合格的猪肉，目前特指食品安全事件中出现的各类私宰变质猪肉、病害猪肉、死猪肉、母猪肉等。这些猪肉存在各种健康隐患，通过不法手段流入市场，流向百姓餐桌，对消费者造成极大危害。

病死猪肉：潜伏着多种病原微生物，特别是人畜共患病原，人接触后易引起发病，甚至死亡；病死猪在死前一般都使用过大量的药物治疗，因此病死猪肉中药物残留一般都严重超标；病害猪肉的脂肪、蛋白质等易腐败变质，转化为对人体不利或有害的物质。

母猪肉：母猪肉营养差，无香味，更严重的是母猪肉含有危害人体的物质——免疫球蛋白，特别是在产崽前的母猪体内含量更高。食用母猪肉易引起贫血、血红蛋白尿、溶血性黄疸等疾病。

米猪肉：指含有寄生虫幼虫的病猪肉，瘦肉中有呈黄豆样大小不等、乳白色、半透明水泡，象是肉中夹着米粒，故称米猪肉。人吃了米猪肉会得绦虫病和囊虫病，可导致失明和引发癫痫，治疗非常困难。

⏲ 掺伪检验

▪ 感官鉴别

识别猪瘟病肉：病猪周身皮肤有大小不一的鲜红色出血点，全身淋巴结（俗称"肉枣"）都呈紫色，肾脏贫血色淡，有出血点。个别肉贩常将猪瘟病肉用清水浸泡一夜，第二天上市销售，这种肉外表显得特别白，不见有出血点，但将肉切开，从断面上看，脂肪、肌肉中的出血点依然明显。

识别母猪肉：母猪肉皮糙而肉厚，肌肉纤维粗，横切面颗粒大。经产母猪皮肤略厚，皮下脂肪少，瘦肉多，骨骼硬而脆，腹部发达，切割时韧性大，俗称"滚刀肉"。

识别变质肉：脂肪失去光泽，偏灰黄甚至变绿，肌肉暗红，切面湿润，弹性基本消失，有腐败气味散出。冬季气温低，嗅不到气味，通过加热烧烙或煮沸，变质的腐败气味就会散发出来。

识别米猪肉：米猪肉一般不鲜亮，用刀子在肌肉上切，一般厚度1公分，每隔1公分切一刀，4~5刀后，仔细观察切面，如见肌肉上附有石榴籽大小的水泡状物，此物即是囊包虫。

理化检验

目前检测机构对病死猪肉缺少针对性的检测方式，但可参考肉质腐败变质程度相应项目——挥发性盐基氮的测定来初步判定。

挥发性盐基氮的测定（半微量凯氏定氮法）

方法原理：挥发性盐基氮是指动物性食品由于酶和细菌的作用，在腐败过程中使蛋白质分解而产生氨以及胺类等碱性含氮物质。此类物质具有挥发性，在碱性溶液中蒸出后，用标准酸滴定，计算含量，判断其变质程度。

结果判断：国家标准规定，鲜畜产品、冻畜产品挥发性盐基氮应≤20mg/100g。

安全标准

国家《动物防疫法》和《食品卫生法》明确规定，因病死亡和不明原因死亡的家畜和家禽，不准食用、销售，必须进行无害化处理，如炼工业油或就地焚烧、深埋。

延伸阅读

识别"放心肉"最简单的方法是仔细辨别"一证两章"（俗称"红蓝两戳儿"）：动物检疫部门发给的"畜禽产品检疫检验证明"，此证在摊主手中，要求挂在肉案上；印在猪肉表面的"肉检验讫"和定点屠宰场场名的条型蓝色印章，这两个印章从上到下滚动地盖在猪肉上。

19 鱼目混珠的 掺假牛肉

📇 事件盘点

⏰ 2013年7月11日，北京BTV7《生活2013》节目揭露，北京家乐福部分门店出售的"撒尿牛丸"经检测根本不含牛肉成分。按国家标准，撒尿牛丸里面可按比例掺入些猪肉、羊肉以增加口感。但经检测发现，北京家乐福出售的撒尿牛丸里根本检测不出牛源性，即根本没有加入牛肉。家乐福称正进一步调查此事，相关商品已下架。经记者采访获悉，由于利润空间越来越低，不少供应商会以次充好或将正品、次货掺和销售，零售商则因检测成本等原因而把关不严，种种因素造成零售市场不少商品存在质量隐患。

🔍 揭秘不安全因素

由于牛肉的售价比较高，有些不法商贩使用低价的猪肉、鸭肉，甚至使用一些未经检疫，来历不明的肉，通过添加牛肉膏、牛肉粉、亚硝酸盐、苯甲酸、淀粉等化学添加剂，使之在口味和口感上接近牛肉，在市场上以牛肉的价格出售。牛肉膏是复合添加剂，是食用香精的一种，但若违规超量和长期食用"牛肉膏"，则对人体有危害，甚至可能致癌。

牛肉膏：是一种牛肉或内脏提纯并加入一些其他香料做成的食品添加剂，是食用香精的一种，仅限于用于给牛肉增香的食品添加剂，用量应有限制，吃多了则可能致癌。

苯甲酸钠：是一种防腐剂，有防止变质发酸、延长保质期的效果，用量过多会对人体肝脏产生危害，严重的可致癌。

亚硝酸盐：是一种白色不透明结晶的化工产品，外观极似食盐。亚硝酸盐在食品生产中用作着色剂和防腐剂，常被添加在香肠和腊肉中作为保色剂，以维持良好外观。但是亚硝酸盐属于剧毒物质，摄入过量会引起中毒甚至死亡。

掺伪检验

感官鉴别

鉴别牛肉中掺猪肉

看颜色：牛肉颜色是鲜红色，纤维较粗有筋膜，有光泽；而牛肉膏浸泡过的假牛肉则呈暗红色或红褐色。

看脂肪：牛肉的脂肪偏黄而猪肉的脂肪白；冬季气温较低的情况下牛肉的脂肪蜡质状僵硬，而猪肉的脂肪用手捏会变形、绵软。

闻气味：牛肉具有鲜牛肉正常的气味，而牛肉膏浸泡过假牛肉闻起来有较强烈的熟牛肉香味。

鉴别酱卤牛肉掺假

看纤维：牛肉的纤维比较粗有筋膜，猪肉的纤维相对较细，母猪肉的纤维雷同牛肉的纤维，但酱卤母猪肉的颜色浅、鲜亮；酱卤牛肉的颜色深呈暗红发黑褐色。

尝味道：酱卤的牛肉味道除了卤料的味道还有牛肉固有的香味，掺假的肉表面会有牛肉味但切开后略有香肠的味道，品尝后是猪肉的味道。

看切面：酱牛肉纹理紧致不易撕烂，掺假猪肉的肉丝纤维松散较易撕开。

DNA检测

通俗地讲，就是DNA鉴定，目前对于牛羊肉成分的检测较为复杂，需要进行基因检测。DNA检测技术在欧洲马肉风波时已经用于甄别肉类的实际成分，是目前甄别肉种类最直接的方式。该检测将分析肉类成分，用DNA图谱的比对来确定具体含有什么肉种。

安全标准

我国《食品添加剂使用标准》（GB 2760—2011）规定：亚硝酸盐仅允许在腌、熏、酱、炸等熟食肉制品有微量残留，限量仅为30mg/kg，最高熏制火腿残留量也不得超过70mg/kg。根据国家的有关规定，在鲜肉和冷冻肉中亚硝酸盐是禁止添加的。而苯甲酸钠，仅允许用于调味品、果汁、蜜饯、汽水等21种类别的食品中，最大限量仅为2g/kg。

20 "挂羊头卖鸭肉"

🗓 事件盘点

⏰ 2013年2月，辽宁警方破获了一起专门制作假冒羊肉卷的案件，发现有些羊肉卷所使用的原料根本就不是羊肉，而是大量鸭肉，以及其他一些来路不明的肉类，而且在加工过程中还添加了一些严禁在食品加工中使用的原料，含有肉制品禁用的苯甲酸钠，含量竟然高达12.12g/100g。还违规使用国家明令禁止用于生肉的有毒有害物质亚硝酸盐，含量高达20.69g/100g。

📷 揭秘不安全因素

由于羊肉的售价比较高，有些不法商贩将低价的鸭肉与牛脂肪或羊脂肪混合打卷之后当做肥牛肉卷或羊肉卷销售，这些假牛肉卷或羊肉卷在冷冻成卷或切成涮肉片时，其外观和真正的牛羊肉几乎没有区别，普通消费者在食用时大多无从辨别。这种做法不但欺骗了消费者，同时也带来了更多的健康隐患。

苯甲酸钠：是一种防腐剂，有防止肉类变质发酸、延长保质期的效果，用量过多会对人体肝脏产生危害，严重的可致癌。

亚硝酸盐：是一种白色不透明结晶的化工产品，外观极似食盐。亚硝酸盐在食品生产中用作着色剂和防腐剂，常被添加在香肠和腊肉中作为保色剂，以维持良好外观。但是亚硝酸盐属于剧毒物质，摄入过量会引起中毒甚至死亡。

⌖ 掺伪检验

■ 真假羊肉卷鉴别

解冻前对比

假：瘦肉部分和肥肉部分颜色均发黄，肥肉部分呈片状分布，与瘦肉部分区分明显，有些肉质呈现半透明。

真：为均匀的鲜红色，没有发黄的现象，瘦肉中有肥肉的白色纹理，呈条纹状分布。

解冻后对比

假：肥肉和瘦肉立刻分离开来，成为零散的片状，用手一摸，满手都是油脂。

真：虽然也可能成为独立的片状，但手摸起来并不油腻，且肥肉与瘦肉依旧无法分离，肥肉以纹理的形式存在于瘦肉中。

沸水中对比

假：投入沸水中立刻弥漫一股强烈的羊膻味。水面浮起白色油花，连水面下的肉都有些难以分辨。用筷子一搅，碗中的肉卷一片片分离开来。

真：反倒没有假羊肉卷那么强烈的膻味。且直到煮熟，水面依然没有太多的白色油花，用筷子搅动后，羊肉卷依然独立成卷，并未分离。

煮熟后对比

假：呈分散的片状，瘦肉部分的纹理明显跟羊肉有较大区别，瘦肉部分肉质偏淡红色，肥肉部分呈不透明的白色。

真：基本保持形状，瘦肉部分的纹路呈条纹状，肥肉部分煮出来为半透明状。

口感对比

假：咀嚼时肉质偏硬，没有"羊肉味儿"，肥肉部分很不容易嚼烂。

真：有羊肉淡淡的膻味，肉质偏软，且很有嚼劲。

■ 真假羊肉卷通过四种方式可比对

通过SN/T2051-2008食品、化妆品和饲料中牛羊猪源性成分检测方法实施PCR方法。

通过BCPCA-FB-07食品中禽源性成分检测方法。

鸭源性成分中，普通PCR方法。

实时荧光PCR方法。

安全标准

羊肉的卫生标准明确规定：羊肉的肌肉有光泽，红色均匀，脂肪白色或微黄色；具有鲜羊肉固有的气味，无臭味，无异味，煮沸后肉汤澄清透明，脂肪团聚于表面，具特有香味；理化指标规定：挥发性盐基氮小于等于20mg/100g。

21 抗生药物催肥的速生鸡

事件盘点

⏰ 2012年11月23日,媒体曝光了山西粟海集团养殖的一只鸡从孵出到端上餐桌,只需要45天,是用饲料和药物喂养的速成鸡,而粟海集团正是肯德基与麦当劳的大供货商。

⏰ 2012年12月19日,央视新闻频道曝光,长期供应肯德基、麦当劳等洋快餐原料的企业六和集团和盈泰公司生产的"速生鸡"(白羽鸡)被曝使用违禁药物。央视记者对山东青岛、潍坊、临沂、枣庄等地的"速生鸡"养殖场调查发现,为避免鸡生病或死亡,白羽鸡在40天能长5斤的秘密就是,鸡从第1天入栏到第40天出栏,除了至少要吃18种抗生素药物外,还偷偷给鸡喂食一些禁用药物,包括人用的利巴韦林、盐酸金刚烷胺等。另外,一些养殖户为了使得肉鸡能够快速生长,地塞米松等禁止使用的激素类药品也成为催生肉鸡生长的秘密"武器",这些激素类物质能刺激鸡多采食,报道称在喂激素后,鸡在3~5天就增重1斤。

揭秘不安全因素

生长速度快,产肉丰富的肉鸡是世界养殖业的成果,养鸡业经过几十年的发展,肉鸡40天左右出栏(指长到可以宰杀的重量),在世界范围都属于正常水平。目前个别企业在缺乏饲养方法和管理条件的情况下,为了提高肉鸡生长速度和饲料报酬,养鸡生产中大量使用抗生素和化学合成药物,这不仅严重危害人类的健康,更加剧了鸡肉风味和品质的下降,造成不良后果。

金刚烷胺:俗名叫"病毒灵",属于一种人用抗病毒药,最早用于抑制流感病毒。目前属国家禁用产品,服用会造成药物残留损伤人的生殖系统,并造成不可恢复性损伤。

利巴韦林:又名"病毒唑",是广谱强效的抗病毒药物,目前广泛应用于病毒性疾病的防治。

抗生素：又称抗菌素，是对细菌、衣原体、支原体、螺旋体、真菌等病原体有抑制和杀灭作用的一类药物。人体一旦感染上述病原体（不包括病毒），可用抗生素来治疗。大量使用抗生素会带来较强毒副作用，直接伤害身体，尤其是对儿童听力有伤害；抗生素用多了会使细菌产生耐药性，使抗生素药物效果变差，甚至无效；抗生素用得过多过滥，会大量杀灭体内正常细菌，让致病菌乘虚而入，可以造成人的死亡。

地塞米松：是肾上腺皮质激素类药，长期大量使用可引起动物体重增加、引发肥胖等症状。

掺伪检验

感官鉴别

外形：土鸡外形一般是小巧玲珑，不像速成鸡那样身形粗壮，土鸡外观清秀，身躯更瘦长，并且肉很结实、胸部和腿部的鸡肉健壮。

鸡冠：速成鸡的鸡冠就像气血不佳的样子，颜色很淡，而土鸡鸡冠则明亮鲜艳，给人很健康很精神的感觉。

嘴部：速成鸡呆如木鸡，没有什么斗志，就算你把手放到速成鸡的周围，也不会啄人，土鸡则反之，其嘴部尖锐且磨出光泽，斗志昂扬，会啄人。

口感：在入口时，土鸡的皮很是软薄，让人感觉入口即化，而速成鸡的皮就较为粗糙，口感欠佳。

安全标准

2005年农业部第560号公告里专门指出，金刚烷胺类等人用抗病毒药移植兽用，缺乏科学规范、安全有效的实验数据，用于动物病毒性疫病不但给动物疫病控制带来不良后果，而且影响国家动物疫病防控政策的实施。因此，要求立即停止生产、经营和使用，否则按禁用兽药处理。不过，目前对于金刚烷胺在食品中的残留量，尚没有检测标准。

地塞米松是肾上腺皮质激素类药，我国《兽药管理条例》明确规定，禁止在饲料和动物饮用水中添加激素类药品。

22 "挂牛头卖马肉"

📋 事件盘点

近段时间，牛肉成为全世界的焦点。欧洲爆出"马肉丑闻"，假牛肉卖到16个国家，"挂牛头卖马肉"一时让欧洲人心有余悸。那么，我们身边的市场里，那些牛肉熟食可靠吗？中央电视台曾在2004年2月16日报道了一位山西平遥老板讲述他会用任何种类的肉，都能把它加工成所谓的"平遥牛肉"的事件。记者为了了解真相，来到平遥一家牛肉加工点调查，进了院子发现堆满了分割好的肉，一部分是牛肉，而更多的则是骡马肉，老板在一旁正往这些肉里加国家严禁在食品加工中使用的工业盐，然后再加一些纯的亚硝酸钠，老板介绍，使用这种工业盐腌渍的肉不仅口感好，颜色也好看，更为重要的是，这种盐含有大量亚硝酸钠，可以大大缩短加工时间。另外，调查中记者还发现，为了提高牛肉的出肉量，有的加工点则另有办法，由明胶、淀粉和其他一些添加剂调制而成的胶状物，打进了肉里，一斤可以多出二三两以上，在滚筒里混合均匀，煮上几个小时，所谓的"平遥牛肉"就可以上市了。

🔍 揭秘不安全因素

经济学家指出，有利益的地方就有不轨潜伏。特别像牛肉这样高价位的"菜篮子"，造假一斤就能获得将近30多元的暴利，每天造假销售100斤，就能另外获利3000多元；不轨商家自然千方百计对牛肉造假跃跃欲试，而马肉的价格只是牛肉的三分之一左右，有些供应商就以马肉充牛肉，以牛肉的价格来获得更高利润。目前对于牛马肉成分的检测较为复杂，需要进行基因检测即DNA检测技术。

工业用盐：工业用盐中的主要有害物质是亚硝酸盐，亚硝酸盐可引起急性中毒，还会增加致癌风险；其次，其中的铅、镉和砷等重金属超标。此外，由于工业盐中未加碘，长期食用会导致甲状腺功能减退，国家明令禁止用于食品中。

亚硝酸盐：是一种白色不透明结晶的化工产品，外观极似食盐，也被称为工业用盐；亚硝酸盐在食品生产中用作着色剂和防腐剂，常被添加在香肠和腊肉中作为保色剂，以维持良好外观；但在生猪蹄上使用则超出了范围，属非法添加。亚硝酸盐属于剧毒物质，摄入过量会引起中毒甚至死亡。

掺伪检验

感官鉴别

一看：从色泽看，马肉一般呈暗红色，尤其是病死马，呈暗紫色，而牛肉大多呈鲜红色。从纤维看，马肉肌纤维较粗，牛肉纤维较细；牛肉比马肉挺实，马肉比较瘫软。

二闻：牛肉有明显的膻味或血腥味，而马肉无明显气味。

三摸：牛肉质地结实，韧性较强，嫩度较差；马肉质地较脆，嫩度较强，韧性较差。

理化检验

牛肉、马肉、驴肉与骡肉的简易鉴别方法

方法原理：根据马、驴、骡中含动物淀粉酶的特点，采用碘溶液进行反应，以鉴别牛肉与马属畜肉。

操作方法：剪碎取50g样于三角烧瓶，加5%氢氧化钾溶液50mL，煮沸摇匀冷却后过滤，取滤液20mL，再加浓硝酸1mL，震荡过滤。取滤液1mL加入0.5%的碘溶液1mL，观察液面的颜色反应。

评价与判断：牛肉呈现黄色；马肉初现黄色，继而在黄色层下出现暗紫的红色环；驴和骡肉，初呈现黄色，继而在黄色的底下出现淡咖啡色环。

用生物分子学区分牛肉和马肉（DNA检测）

动物源性成分检测：就是DNA鉴定，目前对于牛马肉成分的检测较为复杂，需要进行基因检测。DNA检测技术是目前甄别肉种类最直接的方式。该检测将分析肉类成分，用DNA图谱的比对来确定具体含有什么肉种。

安全标准

牛肉的卫生标准明确规定：牛肉的肌肉有光泽，红色均匀，脂肪白色或微黄色；具有鲜牛肉固有的气味，无臭味，无异味，煮沸后肉汤澄清透明，脂肪团聚于表面，具特有香味。

23 含剧毒氰化物的 "毒狗肉"

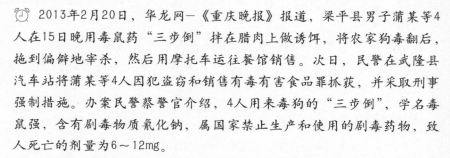

事件盘点

⏰ 2013年2月20日，华龙网-《重庆晚报》报道，梁平县男子蒲某等4人在15日晚用毒鼠药"三步倒"拌在腊肉上做诱饵，将农家狗毒翻后，拖到偏僻地宰杀，然后用摩托车运往餐馆销售。次日，民警在武隆县汽车站将蒲某等4人因犯盗窃和销售有毒有害食品罪抓获，并采取刑事强制措施。办案民警蔡警官介绍，4人用来毒狗的"三步倒"，学名毒鼠强，含有剧毒物质氰化钠，属国家禁止生产和使用的剧毒药物，致人死亡的剂量为6～12mg。

⏰ 2013年6月11日，在温州市区锦绣农贸市场销售毒狗肉的陈某，被永嘉警方抓获；据其交代，他开卖毒狗肉是在去年10月左右，只卖了一个多月，共销售了30多只，一部分直接配送给市区的一些酒店，有一部分则批发出去。永嘉警方称陈某从事毒狗肉的销售，主要是看中了其中的高利润，从非法屠宰场买进的毒狗肉，每公斤价格在15元左右，一转手每公斤可赚3～5元。近几年，永嘉农村频现家狗被用毒镖射杀偷走的情况。

揭秘不安全因素

一些毒狗贩子经常把氰化物、砒霜、毒鼠强等制成的药丸和排骨绑在一起，或者夹在馒头和肉里，然后把这些毒死的狗大量销往市场，最后上了我们的餐桌。这些狗肉含氰化物等剧毒物质，氰化物在人体不易分解，会引起头痛、头晕、四肢抽搐等中毒症状，并对呼吸道、血液系统、大脑、神经、消化系统等会造成不同程度的危害，严重的可造成死亡。

氰化物：通常为白色结晶粉末，属剧毒类，进入人体后会迅速引起组织缺氧，导致组织内窒息；与皮肤接触会引起溃烂，还可能导致视力模糊等，人口服0.1g就会死亡。

毒鼠强：化学名为四亚甲基二砜四胺，是一种无味、无臭、有剧毒的粉状物，俗名"鼠没命"、"四二四"、"三步倒"、"闻到死"，含有剧毒物质氰化钠，其毒性极强，在杀老鼠的方面上使用广泛。毒鼠强毒性极大，被实验动物食入后，几分钟即可死亡，且化学结构非常稳定，不易降解，可造成二次、三次中毒。毒鼠强会遗留在被毒害的牲畜体内，而食用这些动物的肉有中毒的危机。

　　砒霜：化学名为三氧化二砷，是最具商业价值的砷化合物。它也是最古老的毒物之一，无臭无味，外观为白色霜状粉末，故称砒霜。进入人体后主要影响神经系统和毛细血管通透性，对皮肤和黏膜有刺激作用。

掺伪检验

感官鉴别

　　看血洞：脖子上有洞的是现宰的活狗，无洞的狗可能是来路不正的死狗肉。
　　看表皮：现宰狗的表皮呈红色，有光泽，毒狗表皮苍白无血色。
　　看颜色：正常狗肉呈鲜红色，毒狗肉色呈暗红色。
　　闻气味：正常狗肉煮熟后无腥味，毒狗肉煮熟后会有明显的土腥味。

理化检验

　　适用范围：适用于食物、水及中毒残留物中氰化物的快速检测。
　　方法原理：氰化物遇酸产生氢氰酸，氢氰酸与加载在试纸上的苦味酸钠作用生成橘红色异氰紫酸钠。
　　操作方法：称取5g样品于反应瓶中，加20mL蒸馏水，加入约1g酒石酸，立即塞上装有检氰管（预先插入苦味酸试纸条）的硅胶塞，将反应瓶放入70℃~80℃水浴中，加热30min，观察管内试纸变色情况。
　　结果判定：如试纸尖端变为橘红色，表示氰化物含量大于5mg/kg,含量越高，试纸变色范围越大，颜色越深。

安全标准

　　毒鼠强属国家禁止生产和使用的剧毒药物，毒性极强，多方位在杀老鼠的方面上使用，毒鼠强会遗留在被毒害的牲畜体内，而食用这些动物的肉有中毒的危机，致人死亡的剂量为6~12mg。

24 工业松香拔毛的有毒鸡鸭肉

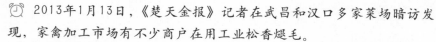

事件盘点

⏰ 2013年1月13日,《楚天金报》记者在武昌和汉口多家菜场暗访发现,家禽加工市场有不少商户在用工业松香煺毛。

⏰ 2012年4月9日,据央视《焦点访谈》报道,湖南长沙一批发市场内,不少商户采用工业松香给鸡鸭拔毛,并送往超市及饭店。据了解,工业松香内的铅和毒素将会对人体肝肾造成伤害或致癌。目前,该批发市场被查处,但问题鸡鸭仍然在售卖。

⏰ 2011年3月29日,湖南省怀化芷江工商局城西工商所与市场管理分局联合出击,一举捣毁位于县城河西市场的松香拔毛窝点。执法人员在现场发现,几口黑乎乎的铁锅里煮沸的松香正在冒着阵阵刺鼻难闻的气味,经营业主将宰杀好的鸡鸭放进沸腾的松香中轻轻一蘸,鸡鸭就迅速被裹上一层黑色的"外衣",然后扔进冷水中用手一揭,"外衣"就轻松"脱"了下来,鸡鸭的表面变得"白白净净"。殊不知"白白净净"的背后隐藏着对人体健康巨大的危害,松香拔毛是国家明令禁止的违法经营行为。

揭秘不安全因素

有经验的人都知道,杀完鸡鸭煺毛,如果单靠手工不大容易弄干净,所以很多人就喜欢直接购买褪好毛的鸡鸭。根据卫生部规定,松香甘油酯可作为食品加工助剂,用于家禽脱毛处理。但因为松香甘油酯价格较贵,因此一些商户为了节约成本就暗自使用工业松香,这种做法早已经成了本行业里公开的秘密,而工业松香含有重金属等有毒化合物,易致癌,反复使用毒性更强。将鸭子在高温工业松香里煺毛,松香里含有的铅等重金属和有毒化合物会通过"热透"效应,残留在鸭子被加热扩张的毛孔,以及脖子处的刀口里,甚至会进入皮下组织,给消费者带来安全隐患。

松香甘油酯:系由松香与甘油酯化而成,通过真空处理后制成不规则透明的片状或颗粒状固体。根据卫生部2004年第21号公告规定，松香甘油酯可作为食品加工助剂，用于家禽脱毛处理。

工业松香：是块状的黄色透明晶体，主要作为黏合剂，用在造纸、油漆、橡胶和肥皂等工业用品方面。工业松香含有重金属等有毒化合物，易致癌，反复使用毒性更强。人体吸收后，中枢神经先兴奋后麻痹，主要表现为消化道受刺激、肾脏受损以及神经刺激等，甚至致癌，对小孩危害尤其严重。

重金属：是指比重大于5的金属，包括金、银、铜、铁、铅等，重金属在人体中累积达到一定程度，会造成慢性中毒。铅是重金属污染中毒性较大的一种，一旦进入人体很难排除，会直接伤害人的脑细胞，特别是胎儿的神经板，可造成先天大脑沟回浅，智力低下；对老年人会造成痴呆、脑死亡等。

掺伪检验

感官鉴别

闻气味：选购成品家禽，可用鼻子闻其身上是否有一股刺鼻的味道；刺鼻的则是用的工业松香，最好不要购买。

巧选购：选购活的、现杀的家禽；或煺毛时去查看对方使用的是块状工业松香，还是颗粒状松香甘油酯。

安全标准

根据卫生部2004年第21号公告规定，松香甘油酯可作为食品加工助剂，用于家禽脱毛处理。工业松香不允许用于家禽煺毛处理。

农业部2004年3月24日发布的强制性行业标准《畜禽屠宰卫生检疫规范》明文规定，"禁止吹气、打气刮毛和用松香煺毛"。

25 双氧水漂白的 化工猪蹄

事件盘点

⏰ 2011年10月21日，齐鲁网记者到济南市东外环的一个大型农贸市场暗访，发现市场上销售的白胖猪蹄竟然是用双氧水、火碱泡制而成的。

⏰ 2011年10月18日，食品产业网报道，北京八里桥市场商户使用火碱、双氧水等化工原料泡制猪蹄，通州工商分局联合公安部门联合执法，查扣八里桥市场肉类交易厅部分在售猪蹄，并送至检测机构进行检验。随后，工商部门前往泡猪蹄场地调查，该场地已被清理。

⏰ 2011年10月10日，《三湘都市报》报道，记者经过暗访发现了位于长沙市芙蓉区东岸乡西龙三组一民房的猪脚黑窝点，工商部门执法人员发现不法商贩竟用工业双氧水泡制食品，并端掉了该窝点，据统计，共收缴猪脚320斤。

揭秘不安全因素

猪蹄是部分消费者最青睐的美味，但是由于加工处理过程工序复杂，并经过去毛、除角质、清洗后的生鲜猪蹄，卖相并不令人恭维，目前市场上出现了卖相相当好的 "白胖" 猪蹄，经调查这些猪蹄是使用多种化学添加物泡制而成，由于火碱加入水后溶液具有强碱性，猪蹄在这样的溶液中泡一晚上会变得臃肿肥胖，再用双氧水漂白和保鲜，然后加入亚硝酸钠着色，胖猪蹄也就是化工猪蹄就制作完成了。这类化工猪蹄虽然卖相好，但长期食用，对身体有极大的伤害。

双氧水：即过氧化氢，是一种强氧化剂，无色略带气味，能完全和水混合；添加到食品中可起漂白、防腐和除臭作用，可改善食品外观；但过氧化氢与食品中的淀粉形成环氧化物可致癌，特别是消化道癌；短期过度吸入、食入或暴露，可严重灼伤眼睛、皮肤、呼吸道等，出现胃胀、呕吐甚至破裂、内脏出现空洞、角膜溃疡等症状。

火碱：是氢氧化钠的俗称，具有强烈刺激性和腐蚀性，对蛋白质有溶解作用，人误食后会对人体消化道黏膜造成损害。

　　亚硝酸盐：是一种白色不透明结晶的化工产品，外观极似食盐，也被称为工业用盐；亚硝酸盐在食品生产中用作着色剂和防腐剂，常被添加在香肠和腊肉中作为保色剂，以维持良好外观；但在生猪蹄上使用则超出了范围，属非法添加。亚硝酸盐属于剧毒物质，摄入过量会引起中毒甚至死亡。

掺伪检验

感官鉴别

　　一看：化工猪蹄个头偏大偏粗，一般直径在8cm以上，肉皮白里透红。正常的猪蹄个头并不很大，皮的颜色不红也不会特别白，甚至偏黄。

　　二闻：化工猪蹄闻起来有淡淡的药水味，肉的腥味反而不明显。

　　三摸：化工猪蹄表皮摸起来会非常硬，而且蹄子是分开的；正常的猪蹄蹄子连在一起。

理化检验

　　过氧化氢含量的测定

　　方法原理： 在酸性介质中，过氧化氢与高锰酸钾发生氧化还原反应。根据高锰酸钾标准滴定溶液的消耗量，计算过氧化氢的含量。

　　亚硝酸盐含量的测定

　　方法原理： 试样经沉淀蛋白质、除去脂肪后，在弱酸条件下亚硝酸盐与对氨基苯磺酸重氮化后，再与盐酸萘乙二胺偶合形成紫红色染料，其最大吸收波长为538nm，测定其吸光度后，与标准比较测得亚硝酸盐含量。

安全标准

　　我国《食品添加剂使用标准》（GB 2760—2011）已明确规定：禁止将双氧水作为食品工业用加工助剂使用；而亚硝酸钠仅能在腌、熏、酱、炸等熟食肉制品有微量残留，限量仅为30mg/kg，最高熏制火腿残留量也不得超过70mg/kg。根据国家的有关规定，在鲜肉和冷冻肉中亚硝酸盐是禁止添加的。

26 深陷质量门的 毒香肠

📋 事件盘点

⏰ 2011年双汇火腿肠等一向被消费者认可的品牌也多次曝出质量问题，火腿肠的卫生状况令人担忧。人们很难想象它的恶心的加工内幕：使用病死老母猪甚至其他动物的腐烂变质肉，上面甚至带有淋巴结，再添加胭脂红色素、亚硝酸盐钠和玉米淀粉、防腐剂就可加工成香肠，这样制作的香肠亚硝酸钠含量会严重超标，食用过量会对人体造成很大危害。

📷 揭秘不安全因素

火腿肠是以畜禽肉为主要原料，辅以调味品着色剂、防腐剂等物质加工制成，携带方便、食用简单，被广大消费者认可。但是由于生产火腿肠的厂家较多，原料来源、卫生质量不能保证，火腿肠一直存在多种问题，最主要的有"槽头肉毒香肠"和"添加剂香肠"，主要销往人员混杂、管理薄弱的农贸市场，欺骗消费者，牟取暴利。

槽头肉毒香肠：一些黑心商贩以臭、脏甚至还有一些臊味的猪肉、病死老母猪的肉、过期香肠和玉米淀粉为主要原料制做香肠，亚硝酸钠超标，肉皮成了香肠佐料，食品红调味，均能生产出名牌；槽头肉气管、血管比较多，而且还有淋巴结。这种连血管带有害的淋巴结一起加到香肠中的行为是违法的。

添加剂香肠：一些厂家为了延长保存时间，违规在食品中增加过量的防腐剂苯甲酸和山梨酸，由于苯甲酸和山梨酸在一定条件下能对霉菌和酵母菌的繁殖起到抑制作用，从而延长产品的保存期限，长期食用过多的苯甲酸可能导致人体肠胃功能、血液酸碱度失调。另外加入用作发色剂和防腐剂的亚硝酸盐严重超标，食用过量会对身体造成危害，甚至引起亚硝酸盐中毒。

亚硝酸盐：是一种白色不透明结晶的化工产品，外观极似食盐，也被称为工业用盐；亚硝酸盐是常用的发色剂，在食品生产中用作食品着色剂和防腐剂，所以常在食品加工业中被添加在香肠和腊肉中作为保色剂，以维持良好外观；但是亚硝酸盐属于剧毒物质，摄入过量会引起中毒甚至死亡。长期食用含过量亚硝酸盐的食品将会增加患癌风险。

掺伪检验

感官鉴别

看外观：好的香肠应该是肠衣干燥、完整，并紧贴肉馅，表面有光泽；劣质的香肠是肠衣湿润，发黏，易与肉馅分离并易撕裂，表面霉点严重，抹拭后仍有痕迹。

看颜色：好的香肠横切面有光泽，肉馅颜色为红色或玫瑰色，脂肪呈白色或微微红色；劣质香肠切面无光泽，肉馅颜色灰暗，脂肪呈黄色或黄绿色。

看形态：好的香肠切面平整，肉质紧密，有弹性；劣质香肠切面不齐，疏散，中心较软。

闻气味：好的香肠有肉类特有的风味；劣质香肠有明显的脂肪酸败味道或其他异味。

理化检验

香肠中掺入淀粉的定性检验

方法原理：淀粉遇碘变为蓝色或蓝紫色。

操作方法：取水量样品于一小烧杯中，加少量水，加碘液2滴，若溶液颜色变成蓝色或蓝紫色表示有淀粉存在。

香肠中亚硝酸盐的比色法检验

方法原理：试样经沉淀蛋白质、除去脂肪后，在弱酸条件下亚硝酸盐与对氨基苯磺酸重氮化后，再与盐酸萘乙二胺偶合形成紫红色染料，其最大吸收波长为538nm，测定其吸光度后，与标准比较测得亚硝酸盐含量。

安全标准

我国《食品添加剂使用标准》（GB 2760—2011）规定：亚硝酸盐在肉灌肠中限量不得超过30mg/kg（以亚硝酸钠计）。

27 惹争议的 "人造鸡蛋"

事件盘点

2010年10月26日,《焦点访谈》节目曝光了人造假鸡蛋的骗局。网络上流传着不少用化学原料制作假鸡蛋的技术,人造蛋成本低廉,能够以假乱真,牟取暴利。为了调查真相,记者与一家公司取得了联系,这家公司的工作人员以900元价格把造假鸡蛋的技术传授给了记者。这份资料显示,人造鸡蛋的主要原料是"海藻酸钠、氯化钙、硬脂酸、食用色素、食用石蜡和氧化钙"。但造出来的鸡蛋时间一长就萎缩了,而且蛋壳就会破碎,消费者一眼就可看出真假。

曾任湖南省会同县食品药品监督管理局的朱副局长,为了调查假鸡蛋,他曾赴湖北暗访。学了好几个小时,那家公司技术人员也没能做出鸡蛋壳来。吃完饭回来的时候,就看到盆里已经有一个长出壳的鸡蛋了。在交了600元培训费后,他请技术员吃了一顿饭。技术员告诉他:"这个人造鸡蛋培训是骗人的,它本来就是骗培训费的,至于那个长出壳的鸡蛋,那是等你下去吃饭的时候,我放了一个真鸡蛋。"

专家称,人造一个鸡蛋,要达到以假乱真,比自然鸡生下一个鸡蛋要难得多。至于网络上流传的"能弹跳的鸡蛋,打出来散黄的鸡蛋,能把蛋黄拎起来的鸡蛋,发臭的鸡蛋"等,是在生产和流通的过程中因饲料成分、保存条件等原因形成的,并不是假的,我们通常称为异常蛋。

揭秘不安全因素

鸡蛋是人类最好的营养来源之一,但现在网络上盛传的所谓"人造鸡蛋"是利用化工原料和食品添加剂制作而成的。假鸡蛋的蛋壳由碳酸钙、石蜡及石膏粉造成,而蛋清、蛋白则主要由海藻酸钠,再加上明矾、明胶、色素等造成。蛋清是将海藻酸钠加进水造成溶液后,不断搅拌而制成的。而蛋黄的主要成分同样是海藻酸钠液,再加入如柠檬黄一类的色素后,放进模具中,然后放入氯化钙溶液中凝固而成。若长期食用会造成大脑记忆力衰退、痴呆等严重后果。

　　海藻酸钠：是食品添加剂，但是单独拿海藻酸钠做蛋清和蛋黄是不可以的，没有任何营养价值，长期食用可能会伤胃。

　　氯化钙：为白色或灰白色，无毒、无臭、味微苦。吸湿性极强，用作干燥剂、路面集尘剂、消雾剂、食品防腐剂及用于制造钙盐。

　　明矾：即十二水合硫酸铝钾，是含有结晶水的硫酸钾和硫酸铝的复盐。溶于水，不溶于乙醇。明矾中含有的铝对人体有害，长期食用会引致记忆力衰退、痴呆等严重后果。

　　石蜡：是从石油、页岩油或其他沥青矿物油的某些馏出物中提取出来的一种怪类蜡，为白色或淡黄色半透明物，用于水果保鲜和增加柔韧性等方面。

　　石膏：是重要的工业原材料，使用石膏磨制而成的蒲阳玉石枕能以寒克热控制血压升高，坚持使用能将血压逐步降低至正常水平。

掺伪检验

感官鉴别

　　看薄膜：鸡蛋的内壳有无一层薄膜，如有为真鸡蛋，如无则是人造鸡蛋。

　　看外壳：假鸡蛋的外壳亮一点，真鸡蛋暗一些。煮熟后剥壳，假鸡蛋显得比较粗糙，真鸡蛋光滑点。

　　闻气味：假鸡蛋有股化学味，真鸡蛋有隐隐的腥味。

　　摇一摇：在晃动时"人造蛋"会有响声，这是因为水分从凝固剂中溢出的缘故。

　　辨形状："人造蛋"打开后不久蛋黄、蛋清就会融到一起，这是因为蛋黄与蛋清是同质原料制成所致。

　　听声音：轻轻敲击，真鸡蛋发出的声音较脆，假鸡蛋声音较闷。

　　煎一煎：煎假蛋时，会发觉蛋黄在没有搅动下自然散开。这是因为包着人造蛋黄的薄膜受热裂开的缘故。

安全标准

　　按照《鲜蛋卫生标准》（GB 2748—2003）规定：鲜鸡蛋的感官指标为具有禽蛋固有的色泽；蛋壳清洁完整，蛋白澄清透明，稀稠分明，具有产品固有的气味，无异味；蛋黄不见或略见阴影。打开后蛋黄凸起完整并带有韧性；无杂质，内容不得有血块及其他鸡组织异物。

28 含三聚氰胺的 问题鸡蛋

📋 事件盘点

⏰ 2008年10月26日，人民网报道，近日，香港食物安全中心公布新一轮三聚氰胺检测结果显示，首次在香港百佳超市出售的新鲜鸡蛋里检出超标88%的三聚氰胺。据悉，这次香港食品安全中心公布的三聚氰胺检测结果不合格本是大连韩伟养鸡有限公司生产的"佳之选新鲜鸡蛋（特大装）"养殖场是该公司的蛋鸡三场，被检出的三聚氰胺含量为百万分之四点七。香港食物安全中心表示，假如一个三岁幼童每天食用12只这样的鸡蛋，三聚氰胺摄入量会超标。

🔍 揭秘不安全因素

鸡蛋发现含有三聚氰胺，饲料有可能是罪魁祸首。据业内人士透露，豆粕、骨粉是目前鸡食用的两种主要饲料，衡量两类饲料是否合格的主要标准是"蛋白质"含量和钙的含量，不良生产者可能会在饲料中添加三聚氰胺以提高蛋白质含量，从而"生产"出"合格"产品。这样，每吨饲料成本可以从八九千元降低到五千元左右。由于价格低，鸡蛋厂商也愿意购买这种饲料。鸡若不断进食含三聚氰胺的饲料，化学物质会残留体内，甚至聚积在鸡蛋中。

三聚氰胺：是一种化工原料，毒性轻微，但长期摄入三聚氰胺会造成生殖、泌尿系统的损害，如膀胱、肾部结石，并可进一步诱发膀胱癌。但因为其含较高的氮含量，很容易在目前的食品蛋白质含量检测中起到冒充蛋白质的作用。

✍ 掺伪检验

■ 感官鉴别

看外观：新鲜鸡蛋蛋壳清洁、完整，没有光泽，壳上有一层薄薄的白霜，会显得有点粗糙，当蛋不新鲜时，白霜就会脱落，变得很光滑。

用手摇：优质的蛋手摇时一般没有声音。

闻气味：在蛋壳上轻轻哈口热气，闻是否有一股轻微的石灰味，有的话说明鸡蛋比较新鲜。

选品牌：选购鸡蛋，还是得首选品牌蛋。大企业大品牌生产的鸡蛋相对农贸市场的散装鸡蛋安全性较高，起码大企业会按照国家标准对鸡蛋产品进行第一道把关，比如很多品牌鸡蛋注重饲料的安全性，有的鸡蛋还经过对农残、致病菌等特殊处理。

理化检验

三聚氰胺的高效液相色谱测定法

方法原理：试样用三氯乙酸溶液—乙腈提取，经阳离子交换固相萃取柱净化后，用高效液相色谱测定，外标法定量。

安全标准

2008年10月7日，卫生部、工业和信息化部、农业部、国家工商行政管理总局、国家质量监督检验检疫总局发布公告称，三聚氰胺不是食品原料，也不是食品添加剂，禁止人为添加到食品中。对在食品中人为添加三聚氰胺的，依法追究法律责任。

延伸阅读

鸡蛋营养丰富但并非吃得越多越好，也并非人人都可以放心食用。以下五类人群不宜吃鸡蛋。

1. 肾脏病患者：肾炎患者肾功能和新陈代谢减退，尿量减少，体内代谢产物不能全部由肾脏排出体外，若食用鸡蛋过多，可使体内尿素增多，导致肾炎病情加重，甚至出现尿毒症。

2. 高热患者：鸡蛋中的蛋白质为完全蛋白质，进入机体可分解产生较多的热量，故发热患者吃鸡蛋后体内产热增加，散热减少，如同火上浇油，于退烧不利。

3. 肝炎患者：肝炎患者较多食用蛋黄会加重肝脏的负担，不利于康复。

4. 初产妇：分娩过程体力消耗大，出汗多，体内体液不足，消化能力随之下降，若产后立即吃鸡蛋，就难以消化吸收，增加胃肠负担。

5. 蛋白质过敏者：有些人吃了鸡蛋后会胃痛，或出现斑疹，这是对鸡蛋过敏引起的。

29 苏丹红染色的 红心鸭蛋

📖 事件盘点

⏰ 2006年11月12日，央视播报了北京市个别市场和经销企业售卖来自河北石家庄等地用添加苏丹红的饲料喂鸭所生产的"红心鸭蛋"，并在该批鸭蛋中检测出苏丹红IV号。11月14日，北京食品办又检出6个"红心鸭蛋"含苏丹红，含量从0.041ppm～7.18ppm，大连等地也陆续发现含苏丹红的红心咸鸭蛋。11月15日，卫生部下发通知，要求各地紧急查处红心鸭蛋，北京、广州、河北等地相继停售"红心鸭蛋"。

⏰ 2006年11月13日，记者在石家庄市平山县调查发现，那里的鸭子产的几乎都是"红心"鸭蛋，喂鸭子的饲料都是红色的，甚至连饲料盆和饲料桶都被染红了，据养鸭户透露，饲料添加了一种神秘的红药，他们两年多来一直使用这种"红药"，每天可产"红心"鸭蛋两吨多。

🔍 揭秘不安全因素

添加食品色素丽素红，虽然会让鸭蛋变红，但其成本也会加大。黑心养殖场会采用另一种低成本的方法，添加一种"红药"，鸭子吃了这种掺有"红药"的饲料，7天之后就可以产下红心鸭蛋。这种红药，是一种工业染料，叫油溶红，其主要成分是苏丹红IV号，苏丹红被国际列为三类致癌物，用于鞋油和蜡烛等工业产品的染色。而油溶红的成本价仅是加丽素红的1/40，是黑心鸭场经常采用的办法。

苏丹红：分为I、II、III、IV四种，均是化学工业染料，常用于地板蜡、鞋油、机油等产品的染色，我国及许多国家都禁止将其用于食品生产，国际癌症研究机构将苏丹红列为三类致癌物，长期食用含"苏丹红"的食品，最突出的表现可能会使肝部DNA结构变化，导致肝部病症。

苏丹红IV号：国际癌症研究机构将其列为三类致癌物，其初级代谢产物邻氨基偶氮甲苯和邻甲基苯胺均列为二类致癌物，对人可能致癌。

"红心"鸭蛋：是用比苏丹红I号毒性更大的可致癌染料苏丹红IV号饲料喂出来的，而并非商家宣传的那样，是鸭子经常吃小鱼小虾和水草而生出的营养蛋。

掺伪检验

感官鉴别

颜色上：放养鸭子产的蛋，蛋黄颜色会随四季变化而改变。春天蛋黄略呈红色。夏季蛋黄的红色变浅。秋季蛋黄颜色偏黄。冬季蛋黄呈浅黄色。而鸭子食用添加苏丹红的饲料后，蛋黄颜色则没有四季的区别了。

煮蛋时：由于人为添加的色素更容易分离，放在水中会浮于水面或者溶在水里，因此消费者在煮蛋的时候，如果发现水的颜色有变化的话，则说明很可能是人为添加的色素，最好不要食用。

切蛋时：实际上，蛋黄自然红的鸭蛋，蛋黄"红中带黄"，切开之后能明显看见有红油流出，味道鲜美。而吃了"涉红"饲料的鸭子所产蛋的蛋黄是鲜红色的，用它制成咸鸭蛋切开之后可以闻出有玉米面的味道，且蛋黄坚硬、干燥。

理化检验

苏丹红等油溶性非食用色素的快速纸层析测定法

适用范围：本法适用于苏丹红（Ⅰ、Ⅱ、Ⅲ、Ⅳ号）等油溶性非食用色素的现场快速检测。

方法原理：根据苏丹红等油溶性非食用色素的化学极性不同，通过展开剂在试纸上的展开距离不同来确定组分的存在。

结果判断：在本实验条件下，如果样品在展开轨迹中出现斑点，其斑点展开的距离与某一对照液展开后的斑点距离相等、颜色相同或颜色虽浅却相近时，即可判断样品中含有这一色素。

安全标准

苏丹红是化学工业染料，国际癌症研究机构将苏丹红列为三类致癌物，我国及许多国家都禁止将其用于食品生产，也不允许添加苏丹红于喂鸭的饲料中。

延伸阅读

吃过"红药"的鸭也不能吃

不仅要警惕蛋黄鲜红的鸭蛋，而且吃过"红药"的鸭也不能吃。有些鸭子吃"红药"过多，不仅鸭肝变成粉色、鸭骨都红，甚至鸭毛、鸭皮都变成红色。一些养鸭户放置的食盆和鸭子睡觉的大棚甚至由于鸭群的走动而成为红色。因此，那些下问题鸭蛋的鸭子，本身也含有苏丹红。苏丹红是溶于脂肪的，鸭肉和鸭内脏含有脂肪，因此这种"红鸭"含有大量苏丹红成分，一定不能食用。

30 工业硫酸铜 "催熟"的毒皮蛋

🗓 事件盘点

⏰ 2013年6月14日央视报道，南昌一位业内人士爆料，许多当地生产的皮蛋使用了工业硫酸铜进行腌制；根据记者调查，南昌县年加工禽蛋30万吨，鲜蛋和加工蛋产量最多时占全国市场份额的15%，当地的皮蛋制作企业确实大多使用了工业硫酸铜进行腌制，使得皮蛋的制作周期缩短至一个月左右。由于工业级别的硫酸铜，砷、铅、镉等重金属含量较高，所以根本不允许用于食品制作。

⏰ 中新网2013年6月16日电，据国家食品药品监督管理总局网站消息，针对央视报道部分皮蛋生产企业使用硫酸铜加工皮蛋的情况，国家食品药品监督管理总局要求江西省食品安全监管部门立即依法查处，同时部署各地工商、质监、食品药品监管部门立即组织开展对皮蛋生产企业及皮蛋产品进行监督检查。

📷 揭秘不安全因素

皮蛋，又叫松花蛋或者变蛋，它不仅能增进食欲，促进营养的消化吸收，还有清凉、降压等功效。按照传统的腌制方法，皮蛋一般是鲜鸭蛋用食用碱、食用盐、生石灰等原料腌制而成的，腌制时间为两个多月。企业为了牟取暴利，滥用工业硫酸铜，想方设法地缩短皮蛋加工周期。工业硫酸铜含有铅、砷、镉等有毒重金属，食用后可能会影响中枢神经，严重者更会致癌。

硫酸铜：为天蓝色或略带黄色粒状晶体，水溶液呈酸性，属保护性无机杀菌剂。养殖业用作饲料添加剂微量元素铜的主要原料。该物质对胃肠道有强烈刺激作用，误服会引起恶心、呕吐，口内有铜性味、胃烧灼感。严重者有腹绞痛、呕血、黑便。

重金属：一般指比重大于5的金属元素，主要有铅、汞、铬、砷、镉等，能引起人体头痛、头晕、失眠、健忘、神经错乱、关节疼痛、结石、癌症等。

掺伪检验

感官鉴别

一掂：将皮蛋放在手掌中轻轻地掂一掂，品质好的皮蛋颤动大，无颤动皮蛋的品质较差。

二摇：用手取皮蛋，放在耳朵旁边摇动，品质好的皮蛋无响声，质量差的则有声音，而且声音越大质越差，甚至是坏蛋或臭蛋。

三看壳：即剥除皮蛋外附的泥料，看其外壳，以蛋壳完整，呈灰白色、无黑斑者为上品；添加硫酸铜的皮蛋蛋壳有斑点。

四品尝：皮蛋若是腌制合格，则蛋清明显弹性较大，呈茶褐色并有松枝花纹，蛋黄外围呈黑绿色或蓝黑色，中心则呈橘红色，这样的皮蛋切开后，蛋的断面色泽多样化，具有色、香、味、形俱佳的特点。

理化检验

食品中铜的测定（原子吸收光谱法）

方法原理：试样经过处理后，导入吸收分光光度计中，原子化以后，吸收324.8nm共振线，其吸收值与铜含量成正比，与标准系列比较定量。

安全标准

2008年9月，我国新修订皮蛋的铅含量标准，删除了原皮蛋标准中的传统含铅加工工艺。2010年，根据《中华人民共和国食品安全法》的相关规定，硫酸铜被列入食品工业用加工助剂替代氧化铅，即腌制皮蛋，不允许使用铅。《无公害食品　皮蛋》（NY5143—2002）中规定，皮蛋中铜限量为≤10mg/kg。

延伸阅读

硫酸铜目前使用情况

国家食品药品监督管理总局新闻宣传司刘冬表示，"截止到2013年6月13日，我们这儿还没有一家获批生产食品添加剂硫酸铜的企业"。也就是说目前全国生产食品添加剂硫酸铜的企业一家都没有。另外，鉴定"铅、砷、镉"，目前都是皮蛋食品检测中的抽检项目，但即使抽检结果超标，也并不能说明在加工时，企业使用了工业硫酸铜。也就是说，企业到底使用的是食品级硫酸铜还是工业级硫酸铜，只从皮蛋上检测，是很难确定的。所以，只能从生产源头上，来杜绝使用工业硫酸铜。

第三章 调料类

31 工业盐水制造的有毒酱油

事件盘点

⏰ 2012年6月20日,《新快报》记者暗访发现,广州市番禺区一家名为"广州美味极食品有限公司"的厂家,涉嫌大量使用非食用盐制造酱油,产量高达近2000t。

⏰ 2012年6月12日,据央视《每周质量报告》报道,佛山市高明区工商局接到群众举报称,威极调味品有限公司使用工业盐水制造酱油,执法人员从生产销售账目中核查到,从2011年12月到2012年3月,威极公司一共使用了760多吨工业盐水生产酱油和酱油半成品,并且非法使用工业用盐水生产的酱油半成品已流入珠三角5市7家调味品企业。

揭秘不安全因素

酱油是中国的传统调味品,主要由大豆、淀粉、小麦、食盐经过制油、发酵等程序酿制而成。有不法商贩为了减少酿造时间,将砂糖、精盐、味精等调味料及化合物混一起,配制成"酱油",是不符合国家标准的,对人体是有害的。甚至有商贩为了节约成本,使用低廉的工业盐水代替精盐作为加工酱油的原料,工业盐水含有较多的重金属和致病物质,长期食用会增加致癌风险。

工业用盐:工业用盐中的主要有害物质是亚硝酸盐,亚硝酸盐可引起急性中毒,还会增加致癌风险;其次,其中的铅、镉和砷等重金属超标。此外,由于工业盐中未加碘,长期食用会导致甲状腺功能减退,国家明令禁止用于食品中。

味精酱油:生产味精的废液加碱,加热除去氨,再加盐酸中和至微酸性,过滤后作为"味精酱油"出售;其中含有大量的致癌的多环芳烃类的荧光物质,还含有惊厥作用的4-甲基咪唑和金属锰、铬等物质,是不能食用的。

✏ 掺伪检验

■ 感官鉴别

看色泽：优质酱油呈红褐色或棕色、鲜艳、有光泽、不发乌。反之，无光泽、发乌的酱油，一般多为添加色素过多所致，食用对健康有害。

品滋味：优质酱油滋味鲜美，咸甜适口，味醇厚柔和，没有苦、涩、酸等不良异味和霉味，有浓厚的酱香、醇香和酯香气。

看浓度：优质酱油浓度较高，其黏稠性较大，并有沉淀，因此流动稍慢。摇晃瓶装酱油，优质酱油挂瓶，劣质酱油不挂瓶。

■ 理化检验

掺盐酱油中食盐含量的检测

测定原理：用硝酸银标准溶液滴定试样中的氯化钠，生成氯化银沉淀，待全部氯化银沉淀后，多滴加的硝酸银与铬酸钾指示剂生成铬酸银使溶液呈橘红色即为终点。由硝酸银标准滴定溶液消耗量计算氯化钠的含量。

评价与判断：国家标准中规定，酱油中食盐含量为16~20g/100mL，如果计算结果超出了这个范围，说明其中掺入了过量的食盐，此时酱油味苦而不鲜。

"味精酱油"的检测

检测对象：味精酱油中含有"4-甲基咪唑"。

检测原理：4-甲基咪唑和对氨基苯磺酸、亚硝酸钠和碳酸氢钠反应，出现橘黄色产物。

测定方法：取待检酱油用氯仿、无水乙醇抽提2次后，合并有机相；向有机相加入硫酸反抽提2次，合并硫酸相；再加入活性炭脱色，过滤及收集滤液。在滤液中加入对氨基苯磺酸、亚硝酸钠和碳酸氢钠，摇匀。

评价与判断：有橘黄色出现，证明有4-甲基咪唑，即为味精酱油。

安全标准

国家明令禁止工业盐添加到食品中。因工业盐内含有亚硝酸盐等成分，人吃了以后会发生慢性中毒。一般而言，人只要摄入0.2~0.5g的亚硝酸盐，就会引起中毒；摄入3g就可能导致死亡。

32 用 "毛发水" 勾兑的 毒酱油

事件盘点

⏰ 2010年12月17日半岛网消息：近日记者从业内人士获悉，当今调料品市场有些乱，高端市场被几个大品牌占据，其余的加工厂都在争夺低端市场，一些小的加工厂为了降低成本，采用了不正当的方式，本来酱油需要发酵而成，但有些小工厂竟然不通过发酵，而是用酱色兑水加盐再加上头发提炼出来的氨基酸勾兑；专门生产氨基酸的地方，到处都是人和动物的毛发，出售的氨基酸甚至还有没完全过滤掉的头发，用时要先用纱布过滤，如果有头发就过滤掉了。这种氨基酸对人的身体是不宜的，因为头发中可能含有多种病毒和细菌，这些毛发水很容易成为多种疾病传播的载体，毛发中还含有砷、铅等有害物质，对人体的肝、肾、血液系统、生殖系统等有毒副作用，可以致癌。

揭秘不安全因素

酿造酱油的主要成分是氨基酸，而酿造酱油的一个重要检测指标是氨基酸中氮的含量（氨基酸态氮），这些氨基酸本应该通过豆制品、粮食作物等发酵来生成。但是为了牟取暴利，一些不法的调味品生产企业回收废弃头发并制成氨基酸水，用以配制酱油，这种毛发酱油不但不需要用黄豆等原料来发酵，而且氮的含量完全不能够达到酿造酱油的国家标准。最重要的是含有砷、铅等重金属有害物质，长期食用甚至会致癌，因此，国家明令禁止用毛发等非食品原料生产的氨基酸液配制酱油。

酿造酱油：是以淀粉、蛋白质为主要原料进行微生物发酵的，它不仅利用微生物的代谢产物，而且利用菌体自溶的分解产物，所以酱油中含有大量的氨基酸和天然的棕红色素，还有维生素和构成香气的酯类等成分。

化学酱油：是用麸皮、米糠、花生饼、芝麻饼、豆饼、废弃头发等为原料加盐酸水解原料中的蛋白质，再用纯碱中和，经过滤，在汁液中加酱色用以提色而制成的产品。

氨基酸态氮：指的是以氨基酸形式存在的氮元素的含量。该指标越高，说明酱油中的氨基酸含量越高，鲜味越好。酱油中氨基酸态氮最低含量不得小于0.4g/100mL。

掺伪检验

感官鉴别

观色泽：假冒伪劣酱油无光泽，发暗发乌，从白瓷碗中倒出，碗壁没有油色粘附；优质酱油应呈枣红褐色或棕褐色，有光泽，不发乌。

闻香气：假冒伪劣酱油所带的香气甚少或带有焦味，添加蛋白水解液的化学酱油则会有刺鼻的酸臭味；优质酱油有浓厚的自然酱香、酯香和豉香，且无其他不良气味。

品滋味：假冒伪劣酱油入口咸味重，有苦涩味，烹调出的菜肴不上色；存放一段时间后，表面上有一层白皮飘浮；优质酱油滋味鲜美，咸甜适口，味醇厚柔和，没有苦、涩、酸等不良异味和霉味。

理化检验

氨基酸态氮的测定

方法原理：氨基酸含有羧基和氨基，利用氨基酸的两性作用，加入甲醛固定氨基的碱性，使羧基显示出酸性，用氢氧化钠标准溶液滴定，以指示剂显示终点，得出样品中氨基酸态氮的含量。

评价与判断：本法适用于粮食及其副产品为原料酿造的酱油中氨基酸的测定。一般酱油中氨基氮含量为0.4g/100mL~0.8g/100mL。如果氨基氮含量低于国家卫生质量标准中的指标，说明酱油中掺入了水或是盐水或其他物质。

酿造酱油和化学酱油的鉴别检验

检测对象：因为化学酱油中含有一种特有的成分"乙酰丙酸"，这是区别化学酱油和酿造酱油的特征物质。

方法原理：在碱性条件下用乙醚提取酱油样品，待乙醚蒸发后加硫酸，再用乙醚提取，将乙醚蒸发出去后再溶解于水中，乙酰丙酸和香草醛溶液接触生成特有的蓝绿色溶液，其变色程度与乙酰丙酸含量成正比。

安全标准

酱油卫生标准（GB 2717—2003）中明确规定了酱油是以富含蛋白质的豆类或富含淀粉的谷类及其副产品为主要原料，在微生物酶的催化作用下分解并经浸滤提取的调味汁液。规定了氨基酸态氮的含量必须大于或等于0.4g/100mL，黄曲霉毒素B_1的含量不得超过5μg/L，总砷含量不超过0.5mg/L，铅含量不超过1mg/L。

国家明令禁止用毛发等非食品原料生产的氨基酸液配制酱油。

33 工业冰醋酸勾兑的老陈醋

冰醋酸

水

陈醋

📋 事件盘点

⏰ 2011年8月8日有媒体称，全国每年消费330万吨左右的食醋，其中90%左右为勾兑醋。当记者就这一传言向业内人士求证时，山西醋产业协会一位负责人透露了更惊人的消息：市场上销售的真正意义上的山西老陈醋不足5%，也就是说，市场上充斥着大量的用冰醋酸、酱色素、陈醋精和自来水等勾兑成的醋，以及用有毒的工业醋酸加自来水、工业盐、色素加工成的醋，用了工业冰醋酸后食醋可能会产生游离矿酸，重金属砷、铅超标，对人体危害更大，食用后易使人体中毒。

🔍 揭秘不安全因素

按照国家标准，食用醋共分为两种：一种是酿造食醋，另一种是勾兑醋。勾兑醋是以酿造食醋为主体，与食品添加剂等混合配制而成的调味食醋。国家对勾兑醋的安全标准是以不低于50%的酿造原液加入不高于50%的食用冰醋酸，即醋精进行配比勾兑。目前有一些厂家用少量的原醋加上自来水，再用工业冰醋酸、焦糖色素等直接勾兑成假醋，这不符合我国对勾兑醋生产的规定，工业冰醋酸不是食品原料，属于非法添加剂，食后对人体有危害。

冰醋酸：是一种有机化合物，是食醋中酸味及刺激性气味的来源。冰醋酸又分为两种：一种是食用冰醋酸，它可以添加到食醋里面。按国家标准规定，只有用由发酵法生成的酒精生产出来的冰醋酸，才能叫做食用冰醋酸；另一种是工业冰醋酸，是用煤、天然气、石油等合成的，只能用于工业生产，是不允许添加到食品里的。

游离矿酸：是指无机酸类，如硫酸、硝酸、盐酸等，对人体健康有害。

酿造食醋：指以粮食为原料酿造而成的醋酸溶液，其液体产品不仅具有酸味，同时还有芳香味，是人们膳食中常用的一种调味品。

人工合成醋：是用冰醋酸稀释而成的，是无色透明液体，对人体组织具有一定的腐蚀作用。我国禁止生产销售用冰醋酸兑制或用其他化学方法生产的化学醋。

掺伪检验

感官鉴别

闻气味：酿造的醋，酸中有香，气味柔和，勾兑的醋缺乏香味。

观浓度：勾兑的醋明显浓度低。

看泡沫：晃动醋瓶，酿造的醋起泡沫多，而且停留时间长，勾兑的醋则相反。

看价格：酿制醋因制作工艺精良，酿制周期长，因此成本更高，产品的价格也相对较高。超市里一瓶约500mL的酿制醋价格大概是勾兑醋的2~3倍。

品口感：在口感上，发酵成熟的陈醋口味更回味悠远，勾兑醋味道更尖锐，酸味刺鼻。

理化检验

食醋中游离矿酸的检测方法：甲基紫试纸法定性

方法原理： 食醋中的主要掺伪物质工业冰醋酸会产生游离矿酸（硫酸、盐酸、硝酸、磷酸等），可使甲基紫试纸变为蓝色或绿色。

操作方法： 可取被检食醋10mL置于试管中，加蒸馏水5~10mL，混合均匀（若被检食醋颜色较深，可先用活性炭脱色），沿试管壁滴加3滴0.01%甲基紫溶液。

评价与判断： 若颜色由紫色变为绿色或蓝色，则表明有游离矿酸（硫酸、硝酸、盐酸、硼酸）存在。

酿造食醋与人工合成醋的鉴别检验：次甲基蓝法

方法原理： 由于酿造醋中含有还原性糖、无机盐、氨基酸、蛋白质等，而配制醋中不含还原性糖，可用次甲基蓝法作定性鉴别

操作方法： 吸取醋25mL放入三角瓶中，加入蒸馏水50mL，加1滴酚酞，用稀释的氢氧化钠溶液中和至红色，然后再加入1滴次甲基蓝，将三角瓶放在电炉上加热。

评价与判断： 蓝色褪去的为酿造醋，不褪色的为配制醋。

安全标准

按国家标准规定，只有用由发酵法生成的酒精生产出来的冰醋酸，才能叫做食用冰醋酸，才可用于勾兑醋中。而工业冰醋酸，是用煤、天然气、石油等合成的，只能用于工业生产，是不允许添加到食品里的，属于非法添加剂。

34 工业盐冒充的 毒食盐

事件盘点

⏰ 2012年7月4日，《厦门商报》报道，厦门警方联合盐务稽查人员搜查海沧区渐美村造假盐团伙，此团伙以450元买进一吨"三无"矿精盐，仿制成2500包某品牌的食用盐后，以每箱(50包)低于正规食用盐10元的价格批发给零售商。从2011年年底至2012年6月27日，这家小作坊生产了60余吨这样的假盐。除了警方现场搜到的20吨盐外，另外40吨已流入厦门城乡接合部的大排档、小吃店以及周边城市。

⏰ 2012年3月26日，湛江市侦查支队与市盐务局联合行动，端掉了一个用工业盐制售假冒食盐40多吨的窝点。查获假冒广东盐业公司精制盐和海水自然精盐成品及半成品11.6吨，假冒广东盐业公司精制盐和海水自然精盐外包装袋5600个，包装机1台。

揭秘不安全因素

食盐，是人类生存最重要的物质之一，也是烹饪中最常用的调味料。有些不法商贩就瞅准了巨大的食盐市场，使用工业盐制售假盐牟取暴利。工业盐主要用于制碱、锅炉软水、染料、肥皂及洗衣粉、饲料加工等领域，因为工业盐中含有大量的亚硝酸钠、碳酸钠及铅、砷等对人体有害的物质，人如果长期食用，则会发生慢性中毒，而且工业盐中不含碘，长期食用容易引起甲状腺肿等碘缺乏病。

工业盐：指工业用氯化钠，多含有亚硝酸钠、砷、铅等有毒有害杂质。一般工业盐常用于清洗水垢和印刷布纹，具有极强的腐蚀性。

碘缺乏：碘是人体必需的微量元素之一，健康成人体内的碘的总量为30mg（20~50mg），国家规定在食盐中添加碘的标准为20~30mg/kg。正常人体缺乏碘会引发"大脖子病"，婴幼儿缺碘会损害其智商且无法逆转。

亚硝酸盐：是一种白色不透明结晶的化工产品，外观极似食盐，也被称为工业用盐，在食品生产中用作食品着色剂和防腐剂，所以在食品加工业中常被添加在香肠和腊肉中作为保色剂，以维持良好外观。但是亚硝酸盐属于剧毒物质，摄入过量会引起中毒甚至死亡。

掺伪检验

感官鉴别

看颜色：精制碘盐外观色泽洁白。假冒碘盐外观异色，或淡黄色，或暗黑色，并不够干爽，易潮。

凭手感：精制碘盐用手抓捏较松散，颗粒均匀。假碘盐手捏成团，不易散开。

闻气味：精制碘盐无气味、更无臭味或其他异味。假碘盐因掺有工业含碘废渣，带有硝酸铵等含铵物质，因而有氨味等气味。

尝味道：咸味纯正的是精制碘盐，咸中带苦涩味的是假碘盐。

看标签：真盐的标签层次分明，都位于"中盐"中字左下角。假盐的标签没有层次，且贴的位置参差不齐。

小实验：将盐撒在切开的马铃薯切面上，如显出蓝色，是真碘盐，如无蓝色反应，则是非碘盐。

理化检验

pH值法：亚硝酸钠是弱酸强碱盐，其水溶液呈碱性，而食盐则是强酸强碱盐，其水溶液呈中性，因此，用pH试纸极易鉴别。

硝酸银法：取少许样品溶于蒸馏水中，加入几滴0.1M硝酸银（$AgNO_3$）溶液，若出现浅黄色沉淀，并且沉淀溶于稀硝酸者为亚硝酸钠；若出现白色沉淀，且白色沉淀不溶于稀硝酸者为食盐。

高锰酸钾法：取一蚕豆粒大小的样品，用大约20倍的水使其溶解，然后在溶液内加一小米粒大小的高锰酸钾，如果高锰酸钾的颜色由紫变浅，则说明该样品是亚硝酸钠，如果不改变颜色，就是食盐。

安全标准

《食用盐卫生标准》（GB 2721—2003）中规定：亚硝酸盐含量（以$NaNO_2$计）不得超过2mg/kg；国家明令禁止工业盐添加到食品中。

《食品安全国家标准食用盐碘含量》（GB 26878—2011）中规定：食用盐产品（碘盐）中碘含量的平均水平（以碘元素计）为20~30mg/kg。

35 掺假的
有毒味精

📖 事件盘点

⏰ 2012年6月20日,《南方都市报》报道,广西壮族自治区南宁市兴宁区警方日前查获一处制作冒牌味精的黑作坊,已被证实这些味精是用工业盐制成,长期食用将危害人体健康,目前"有害味精"已流入广西各地市场。

🔍 揭秘不安全因素

味精是以碳水化合物(如淀粉、大米、糖蜜等)为原料,经微生物发酵、提取、中和、结晶,制成的具有特殊鲜味的结晶或粉末,主要成分为谷氨酸钠。一些厂家为了降低生产成本,向一些劣质的味精里掺入工业盐、融雪剂、石膏、食糖、小苏打、硫酸盐、碳酸盐、硼酸盐、磷酸盐及其他的无机盐等,从中牟取暴利,长期食用这样的假味精将危害人体健康。

谷氨酸钠:为白色结晶体,水溶性好,是一种由钠离子与谷氨酸根离子形成的盐,也是生活中常用调味料味精的主要成分。

工业盐:指工业用的氯化钠,多含有亚硝酸钠、砷、铅等有毒有害杂质。一般工业盐常用于清洗水垢和印刷布纹,具有极强的腐蚀性。

融雪剂:是用来融化积雪的化学物质,常用的有两种:一种是以工业盐为主要成分的无机融雪剂;另一种是以醋酸钾为主要成分的有机融雪剂。通常掺假用的是前一种,因其中含有较多的亚硝酸钠及重金属,长期食用容易致癌。

硫酸镁:白色粉末,用作制革、炸药、造纸、瓷器、肥料,以及医疗上口服泻药等。对黏膜有刺激作用,长期接触可引起呼吸道炎症。若有肾功能障碍者误服可致镁中毒,引起胃痛、呕吐、水泻、虚脱、呼吸困难、紫绀等。

⚙ 掺伪检验

■ 感官鉴别

眼看:真味精呈白色结晶状,粉状均匀;假味精色泽异样,粉状不均匀。

手摸：真味精手感柔软，无粒状物触感；假味精摸上去粗糙，有明显的颗粒感。若含有生粉、小苏打，则感觉过分滑腻。

口尝：真味精有强烈的鲜味。如果咸味大于鲜味，表明掺入食盐；如有苦味，表明掺入氯化镁、硫酸镁；如有甜味，表明掺入白砂糖；难于溶化又有冷滑黏糊之感，表明掺了淀粉或石膏粉。

看规格：购买时最好选择谷氨酸钠含量在99%的味精，此种规格的味精为纯洁晶，不易掺假。

看包装：品牌味精的包装袋比较柔软，外观印刷明亮，日期打印清晰；假味精的包装袋材质较硬，外观印刷较淡，日期打印不清晰。

理化检验

谷氨酸钠的测定

方法原理：掺假味精会导致谷氨酸钠含量下降。利用谷氨酸钠的两性作用，加入甲醛以固定谷氨酸钠的碱性，使羟基显示出酸性，用氢氧化钠标准溶液滴定，以指示剂显示终点，得出样品中谷氨酸钠的含量。

掺入碳酸盐定性实验

取样品少许，加少量水溶解，加数滴稀盐酸或稀硫酸，如有气泡产生，则碳酸盐存在。

掺入硫酸盐定性实验

取样品少许，溶于水中，加（1:3）盐酸数滴，再加10%氯化钡液数滴，产生白色沉淀，则硫酸盐存在。

掺入硼酸盐定性实验

取样品少许于小瓷皿中，加入浓硫酸数滴及乙醇（或甲醇）1~2mL，充分混匀，点火，如有硼酸盐存在，则呈绿色火焰（生成极易挥发的硼酸乙酯或甲酯）。

掺入磷酸盐定性实验

取样品少许溶于水，加过量的钼酸铵溶液，并加少量硝酸，微加温，如生成黄色沉淀，即表示有磷酸盐存在。

安全标准

国家标准《谷氨酸钠（味精）》（GB/T 8967—2007）规定，味精中谷氨酸钠大于等于99%，氯化物不超过0.1%，硫酸盐不超过0.05%；加盐味精中谷氨酸钠大于等于80%，氯化物不超过20%，硫酸盐不超过0.5%。

36 掺假的 毒辣椒粉

事件盘点

⏰ 2013年3月1日，湖南省质监稽查总队查封了岳麓区含浦镇一家非法使用硫磺熏制干辣椒的黑加工厂，暂扣干辣椒约2万斤。

⏰ 长沙市工商局公布了2012年"滥用和非法添加"十大监管案例中，有6起案件都涉及"罗丹明B"，都和辣椒制品有关；罗丹明B被业内认为具有潜在致癌作用，工商部门称它是苏丹红的"近亲"，堪比苏丹红。

⏰ 2009年1月6日，安徽省亳州市涡阳县工商行政管理局，查封涡阳县义门镇一个辣椒粉加工点，扣留涉嫌不合格辣椒粉900公斤，并提取样品送检。2009年2月10日，经阜阳市产品质量监督检验所检验，样品中含有苏丹红III、IV，判为不合格产品。

揭秘不安全因素

辣椒粉是红色或红黄色，油润而均匀的粉末，是由红辣椒、黄辣椒、辣椒籽及部分辣椒杆碾细而成的混合物。但小小调味料经过黑心商贩的多种掺假方式调制也是害人不浅，有的不良商贩在少量优质的辣椒粉中掺入大量熏过硫磺的劣质辣椒粉，以次充好；有的为了让辣椒色泽鲜红诱人，添加苏丹红或罗丹明B；还有的将红色素液喷洒在劣质辣椒粉上，以增加卖相；更有不良商贩将辣椒粉中掺入麸皮、黄色谷面、番茄干粉、锯木、干菜叶粉、红砖粉等，以增加重量，对人体造成很大伤害。

苏丹红：是一种红色的工业合成染色剂。它的一般用途是用于汽油、机油、鞋油和汽车蜡等工业产品中，不能添加在食品中。长期食用含"苏丹红"食品，对人体造成的最突出危害可能会使肝部DNA结构变化，导致肝部病症。

罗丹明B：俗称花粉红，又叫玫瑰红B，是一种具有鲜桃红色的人工合成染料。主要用于工业染色，部分不良商贩将其作为苏丹红替代品，会导致人体皮下组织生肉瘤，具有致癌和致突变性。2008年，我国明确规定禁止将其用作食品添加剂。

硫磺：在食品工业中用作防腐、杀虫、漂白等熏蒸用，我国规定仅限于干果、干菜、粉丝、蜜饯、食糖的熏蒸。经硫磺熏制过的干辣椒会对呼吸道、气管等呼吸系统造成刺激，导致呕吐、腹泻、恶心等症状。

掺伪检验

感官鉴别

色素辣椒粉：取少许辣椒粉放入水中，有红色素析出，即是上了红色素。因为，人工食用色素是水溶性色素，它只溶于水而不溶于油，所以放在水中会有红色色素析出。

硫磺辣椒粉：硫磺熏过的干辣椒亮丽好看，没有斑点，正常的干辣椒颜色是有点暗的。用手摸，手如果变黄，是硫磺加工过的。仔细闻闻，硫磺加工过的多有硫磺气味。

苏丹红辣椒粉：将食品放入水中，若长时间浸泡不褪色，则可能是添加了"苏丹红四号"。

掺假辣椒粉

掺红砖粉：辣椒粉色泽比正常货重，碎片不均匀，用舌头舔感到牙碜。

掺玉米粉：辣椒粉色泽浅，发黄，放在口中感觉黏度大，投入清水中能起糊。

掺入豆粉：辣椒粉中黄粉过多，鼻嗅有豆香味，品尝略有甜味。

理化检验

苏丹红的定性检验

适用范围：本法适用于苏丹红（Ⅰ、Ⅱ、Ⅲ、Ⅳ号）等油溶性非食用色素的现场快速检测。

方法原理：根据苏丹红等油溶性非食用色素的化学极性不同，通过展开剂在试纸上的展开距离不同来确定确定组分的存在。

掺假辣椒面的快速检验法

烧灼试验：取被检样品1g，置于瓷坩埚中，放电炉上缓缓加热灼烧至冒烟。正常辣椒粉发出浓厚的呛人气味，闻之咳嗽、打喷嚏；而掺假的辣椒粉则只冒青烟，闻不到呛人的气味，或者气味不浓。

漂浮试验：取待检辣椒粉10g，置于带塞的100mL量筒内，加饱和盐水至刻度，摇匀，静置1小时后观察其上浮和下降物体积。正品辣椒粉绝大部分上浮，下沉物甚微；掺假的辣椒粉在饱和盐水中的下沉物体积较大，其下沉物体积与掺假量成正比。

安全标准

我国《食品添加剂使用标准》（GB 2760—2011）中，未规定允许用硫磺熏蒸干辣椒；而苏丹红和罗丹明B是食品生产企业违规在食品中加入的非法添加物，我国明确规定禁止将二者用作食品添加剂。

37 工业染料染色的 毒花椒

事件盘点

🕐 2011年3月25日，重庆市九龙坡区质监局从重庆某食品生产基地送检的火锅底料和麻辣鱼底料中检验出"罗丹明B"。随即，同批次底料使用的原材料被送往市计量质量检测研究院。经检测，确定为花椒染毒，劣质花椒被人为染毒后混入了正品花椒中。重庆九龙坡区警方顺藤摸瓜，侦破了这起销售"毒花椒"案件。犯罪嫌疑人用有毒有害物质"罗丹明B"给劣质花椒染色，混入优质花椒中销售。目前警方已查扣"毒花椒"4920kg。

揭秘不安全因素

花椒是我国特有的香料，味麻且辣，炒熟后香味满溢，不仅用途广，味道更是鲜美，受到广大消费者的喜爱。有些黑心商贩为了追求利益的最大化，通过给普通花椒染色冒充名贵花椒出售，如把普通花椒染成"大红袍"出售；或用麦秸壳、花椒籽染色后充当花椒卖；更有甚者，个别不法商贩将劣质、霉变的花椒，和着面粉、淀粉或泥土一起滚动、过筛，再用工业染料染成深黑、红褐等接近花椒的颜色，再混入部分的真花椒出售。这种掺假花椒用在烹饪中，不仅不能带来我们所需要的麻香风味，反而给我们带来了健康隐患。

工业染料：是用于纺织品、皮革制品及木制品的染色的物质，因价格便宜、着色强、稳定性强，所以也被不法商贩用做替代食品染料的着色剂。

"罗丹明B"：俗称花粉红，又叫玫瑰红B，是一种具有鲜桃红色的人工合成染料。主要用于工业染色，部分不良商贩将其作为苏丹红替代品，会导致人体皮下组织生肉瘤，具有致癌和致突变性。2008年，我国明确规定禁止将其用作食品添加剂。

掺伪检验

感官鉴别

眼看：正常花椒色泽多为紫红或暗红，光泽度不高，绝大部分表面有开口，果实粒大且均匀；染色花椒色泽鲜红，呈油浸、亮澄澄的状态，颗粒小。

手搓：将花椒放在餐巾纸上轻搓，染色花椒会掉色。

闻味：正常花椒有其特有的香味，而染色花椒有可能会散发一种染色剂的化学试剂气味。

水泡：花椒置于水中浸泡，清水变红，即为染色花椒。

理化检验

花椒面掺假的快速检验法

方法原理：花椒面中掺入的伪品多为含淀粉的稻糠、麦麸等，因此可以通过检验样品是否含有淀粉来确定花椒面是否掺假。

操作方法：取样品粉末1g置于试管中，加水10mL，置水浴加热煮沸，放冷。向其中滴加I-KI溶液2~3滴后观察，掺有含淀粉伪品的花椒面溶液层变蓝或蓝紫色。

安全标准

国家行业标准《花椒》（SB/T 10040—92）要求花椒中没有霉粒，没有被提炼过花椒油之后的油椒。优等品要求发育不良的果实或是花椒子的总量不超过3%，一等品则不超过5%。

染料"罗丹明B"对人体伤害很大，是一种致癌物质，2008年我国明确规定禁止将其用作食品添加剂。

延伸阅读

花椒的生活妙用

防牙痛：如果是冷热食物引起的牙痛，用一粒花椒放在患痛的牙上，痛感就会慢慢消失。

粮食防虫：存放的粮食被蛀了，用布包上几十粒花椒放入，虫就会自己跑走或死去。

菜橱防蚁：在菜橱内放置数十粒鲜花椒，蚂蚁就不敢进去。

食品防蝇：在食品旁边和肉上放一些花椒，苍蝇就不会爬。

沸油防溢：油炸食物时，如果油热到沸点，会从锅里溢出，但如放入几粒花椒后，沸油就会立即消落。

油脂防"哈味"：在油脂中放入适量的花椒末，就可防止油脂变"哈味"。

舌尖上的100例"毒食"
>>> shejianshangde100lidushi

38 多长了三五角的假八角

八角?

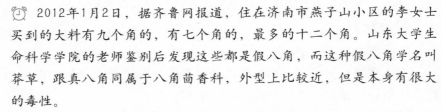

📋 事件盘点

⏰ 2012年1月2日，据齐鲁网报道，住在济南市燕子山小区的李女士买到的大料有九个角的，有七个角的，最多的十二个角。山东大学生命科学学院的老师鉴别后发现这些都是假八角，而这种假八角学名叫莽草，跟真八角同属于八角茴香科，外型上比较近，但是本身有很大的毒性。

⏰ 2010年12月27日，广西新闻网报道，11月中旬，沈阳市对食品市场进行检查，质疑乐购超市9个角的八角有可能为含剧毒的莽草，作为八角主要产地之一，柳州八角一度滞销。

⏰ 2010年11月30日，据沈阳当地媒体报道，在沈阳的多家农贸市场发现了10个角以上的假八角，除了角多出几个外，每个角还大小不一，而且表面粗糙。

🔍 揭秘不安全因素

八角，又称茴香、八角茴香、大料和大茴香。八角是制作冷菜及炖、焖菜肴中不可少的调味品，市场上销售的八角中，往往被掺混莽草和红茴香两种掺伪品，因为这两种东西外观与八角非常相似，所以不容易分辨。经相关专家鉴定，假八角有毒，食用后会引起中毒，症状一般在30分钟后出现，轻者恶心呕吐，严重者烦躁不安，四肢抽搐，口吐白沫，瞳孔散大，最后血压下降，呼吸停止而死亡。

莽草：莽草属木兰科八角属，瓣角不整齐，大多为8瓣以上，无八角茴香特有的香气味。莽草枝、叶、根、果均有毒，尤其是果壳毒性大。莽草中毒多因将其果误作八角食用而引起。其毒害作用为直接刺激消化道黏膜，严重时损害大脑。

红茴香：红茴香果实毒性较大，不宜与八角茴香混用，内服过量可引起头晕、抽搐、惊厥等中毒反应，严重者可致死亡。

🕰 掺伪检验

▪ 感官鉴别

辨形：真八角果肥大，角尖平直；莽草果瘦长，角尖弯曲。

辨色：真八角为红棕色并有光泽；假八角色较浅，带特黄色。

辨味：真八角香味浓烈，尝之辛辣但不麻嘴；莽草有花露水或樟脑的气味，尝之有麻舌感。

辨角：真八角荚角为7~10只，以8只居多；假八角荚角则有11~12只。

▪ 理化检验

间苯三酚颜色反应鉴别

操作步骤：取待检八角样品粉末5g置蒸馏瓶内，加水150mL，进行水蒸气蒸馏，收集馏液50mL。向馏液中加入等量乙醚，提取，分取乙醚层。再向乙醚层中加浓度为0.1mol/L的NaOH溶液5~50mL，振摇，弃去碱性水溶液，如此反复三次。在水浴上将乙醚挥发干净，用2mL乙醚溶解残渣。然后将其逐滴加入内装间苯三酚磷酸溶液中，边滴加边振摇并观察其颜色反应。

评价与判断：真八角由无色变成黄色，又变成粉红色，溶液呈混浊状。假八角由无色变成黄色后，并不能再变为粉红色，溶液仍呈透明状态。

色泽与pH值鉴别

操作方法：取待测样品5g，加水200mL，煮沸35~40min后过滤，将滤液加热浓缩至50mL，正宗八角溶液为棕黄色，假大料溶液为浅黄色。取浓缩液用酸度计测定，八角溶液的pH值为4.0左右，而假大料溶液的pH=3.5。

氢氧化钾显色反应

操作方法：取待测样品粉末0.1g于大试管中，加入2%的氢氧化钾溶液10mL，于水浴锅上加热至沸1~2min，取出冷却后立即观察。

评价与判断：真八角溶液呈血红色，而假八角溶液则为黄棕色。

安全标准

国家标准《八角》（GB 7652—2006）中规定了八角的品种及分级标准，所有等级均要求无黑变、霉变的颗粒，其二氧化硫残留量也应小于30.0mg/kg。

我国标准《食品添加剂使用标准》（GB 2760—2011）中，没有允许莽草作为食品添加剂添加到食品中，莽草属于剧毒物，其枝、叶、根、果均有毒，尤其是果壳毒性大。

39 熏蒸美容的 硫磺姜

事件盘点

⏰ 2011年5月27日《新京报》报道,顺义区工商局前往石门批发市场开展执法行动,在行动中共检查销售生姜、大蒜的商户11户,现场快速检测生姜样本6个,初步发现涉嫌不合格样本3个。同时,在几家商铺中找到硫磺以及熏制用的容器,现场涉嫌不合格的生姜有500余斤,已全部先行登记封存。

⏰ 2010年9月27日,西安市的工商部门在对西安的一家大型蔬菜副食交易中心检查时,当场查获了一家正在使用硫磺熏制生姜的摊贩。此次检查,工商部门共查处了400多斤问题生姜。

揭秘不安全因素

姜是一种极为重要的调味品,它可将自身的辛辣味和特殊芳香渗入到菜肴中,使之鲜美可口,味道清香,是人们日常生活中的重要食品。可是现在市面上出现了一种"硫磺姜",不良商贩将品相不好的生姜用水浸泡后,使用有毒化工原料硫磺对其进行熏制,使正常情况下视觉不够美观的生姜变得娇黄嫩脆,外观漂亮,主要是卖相好。硫磺熏制的姜易对人的肠胃造成刺激,长期使用会导致眼结膜炎、皮肤湿疹等,严重的还会影响人的肝肾功能。

硫磺:是一种化工原料,硫磺燃烧能起漂白、保鲜作用,使物品颜色显得白亮、鲜艳。硫磺熏制过程中残留的硫遇高温会生成亚硫酸盐,亚硫酸盐是杀伤力巨大的致癌物质。硫磺里面的铅、砷、硫会对人的肝脏或肾脏造成严重的破坏。我国规定仅限于干果、干菜、粉丝、蜜饯、食糖的熏蒸。但生姜并不在熏制范围内。

掺伪检验

感官鉴别

鼻闻:检查姜的表面有没有异味或硫磺味。

口尝：姜味不浓或味道改变的要慎买。

眼看：正常的姜较干，颜色发暗，"硫磺姜"较为水嫩，呈浅黄色，用手搓一下，姜皮很容易剥落。

▨ 理化检验

硫磺姜的检测

方法原理： 硫磺与氧作用生成SO_2，SO_2遇水又生成亚硫酸。以碘标准液滴定亚硫酸至呈现蓝色，消耗碘标准溶液的体积计算SO_2。

操作方法： 称取试样20g（精确至0.01g）放于小烧杯中，用蒸馏水将试样洗入250mL容量瓶中至刻度，摇匀，用移液管吸取澄清液50mL，注入250mL碘价瓶中，加入1mol/L氢氧化钾溶液25mL，振荡放置10分钟，然后一边振荡一边加入1：3的硫酸溶液10mL、0.1％的淀粉溶液1mL，以碘标准液滴定至呈现蓝色并0.5分钟不褪色为止，同时做空白试验。

安全标准

我国标准《食品添加剂使用标准》（GB 2760—2011）中规定：允许使用硫磺对蜜饯、干果、干菜、粉丝、食糖进行熏蒸加工，但生姜并不在熏制范围内。

▨ 延伸阅读

吃姜五大禁忌

禁忌1 不要去皮。有些人吃姜喜欢削皮，这样做不能发挥姜的整体功效。鲜姜洗干净后即可切丝分片。

禁忌2 吃姜治病要辨证论治。从治病的角度看，生姜红糖水只适用于风寒感冒或淋雨后有胃寒、发热的患者，不能用于暑热感冒或风热感冒患者，也不能用于治疗中暑。服用鲜姜汁可治因受寒引起的呕吐，对其他类型的呕吐则不宜使用。

禁忌3 吃姜并非人人适合。凡属阴虚火旺、目赤内热者，或患有痈肿疮疖、肺炎、肺脓肿、肺结核、胃溃疡、胆囊炎、肾盂肾炎、糖尿病、痔疮者，都不宜长期食用生姜。

禁忌4 吃生姜并非多多益善。夏季天气炎热，人们容易口干、烦渴、咽痛、汗多，生姜性辛温，属热性食物，根据"热者寒之"原则，不宜多吃。在做菜或做汤的时候放几片生姜即可。

禁忌5 不要吃腐烂的生姜。腐烂的生姜会产生一种毒性很强的物质，可使肝细胞变性坏死，诱发肝癌、食道癌等。那种"烂姜不烂味"的说法是不科学的。

40 掺入马来酸的毒淀粉

📋 事件盘点

⏰ 2013年3月，台湾嘉义县调查站接到检举称，在食物中发现毒淀粉顺丁烯二酸。台湾地区各县市卫生局于2013年5月14日展开全面稽查，确定"日正波霸粉圆"，"莲发的九份芋圆地瓜圆、美浓板条"，以及7-Eleven贩卖的"黑轮"都有问题，所用面粉均为"毒淀粉"，因此被紧急下架。查出包含粉圆、黑轮、板条、芋圆、地瓜圆5类商品在内，遭违法添加。全台各县市卫生相关部门于2013年6月1日展开问题淀粉大检查，共稽查8488家商户，合格7720家，合格率91%。台相关部门公布数据，2013年5月14日至5月31日晚，全台已封存近318吨问题淀粉。

⏰ 2013年5月30日据《第一财经日报》报道，台湾地区"毒淀粉"风波愈演愈烈，奶茶店、鸡排店等台湾小吃均受到较大冲击。不仅如此，毒淀粉"罪魁祸首"顺丁烯二酸（俗称"马来酸"）在大陆也发现大量出售信息，并且不少以食品添加剂的名义进行出售。上海质检部门表示，目前大陆在食品添加剂检测中暂无马来酸的相关检测。食品专家告诉《第一财经日报》记者，马来酸在大陆食品领域存在一定滥用现象，成本低廉是商家使用马来酸作为食品添加剂的主要动因。

🔍 揭秘不安全因素

由于一些食品诸如关东煮、珍珠奶茶、炸鸡排等需要添加一定的添加剂以增加食品组织间的黏性和弹性，以增加食品口感，而目前能够达到这一效果的主要有植物胶、变性淀粉、马来酸等添加剂，前两者可用于食品添加剂，而马来酸则不能。但是由于马来酸价格低廉，一般只有植物胶的一半甚至三分之一，并且黏度高，工艺并不复杂，因此不少不法商家为节约成本，采用马来酸作为食品添加剂。过量使用此类毒淀粉可造成对眼部的损害等，长期食用"毒淀粉"还会造成神经性毒害，可能使生长发育迟缓，但目前并无临床或研究表明其会致不孕。

马来酸：又称"顺丁烯二酸"，为最简单的不饱和二元羧酸，属于树脂等化学黏合剂原料，主要用在工业粘着剂中，但若加入食物中可增加食物弹性及保质期。其价格与合格淀粉相差4~6倍，长期超标食用"毒淀粉"，将极大损伤肾脏功能。

掺伪检验

感官鉴别

看标号：食用玉米淀粉和工业玉米淀粉标准代号（标号）有区别：食用玉米淀粉的标号是GB 8885—88，工业玉米淀粉的标号是GB 12309—90，买时应仔细查看标准号。

比价格：由于市场上食用玉米淀粉的价格一般为工业玉米淀粉的两倍或更高价格，因此，比同类产品价格低很多的商品切莫购买。

低温辨识法：将食品煮熟后，置于冰箱过夜，第二天解冻除冰后两者进行比较。食用玉米淀粉：透明，质地变硬；口感差些；解冻后出水，发黏。工业玉米淀粉：质地较柔软，弹性依旧较好；口感不变，仍保持新鲜口味；解冻后不出水，干爽，剥开后空隙大。如果淀粉在低温保存一夜后仍很有弹性那就要当心买到"毒淀粉"了。

选厂家和品牌：选购食用玉米淀粉时，尽可能选择知名商家（超市、厂家）和知名品牌。

理化检验

顺丁烯二酸的测定——高效液相色谱法

方法原理：水基食物直接进样，橄榄油食品经碳酸氢钠溶液提取和C18固相萃取小柱净化后进行测定。采用反相高效液相色谱柱分离，紫外检测器进行测定，内标法定量，内标物为2-甲基顺丁烯二酸。

安全标准

我国《食品安全国家标准　食品添加剂使用标准》（GB 2760—2011）规定：允许添加的食品添加剂，不包括顺丁烯二酸，也就是说，马来酸不属于食品添加剂，添加就是违法的。

41 神秘的 火锅底料

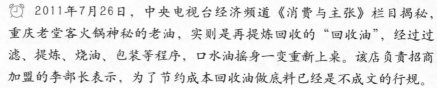

📋 事件盘点

⏰ 2011年7月26日，中央电视台经济频道《消费与主张》栏目揭秘，重庆老堂客火锅神秘的老油，实则是再提炼回收的"回收油"，经过过滤、提炼、烧油、包装等程序，口水油摇身一变重新上桌。该店负责招商加盟的李部长表示，为了节约成本回收油做底料已经是不成文的行规。

📷 揭秘不安全因素

火锅底料曾多次深陷危机旋涡，第一次发生在1987年的"福尔马林浸泡毛肚"事件：为了防腐和保鲜，当时的一些不法经营者竟用福尔马林浸泡牛肚，这样浸泡后的干牛肚颜色鲜亮，味道细嫩。一时间，许多火锅店纷纷效仿，经有关部门大力整顿，这一现象得到有效遏制。

第二次是在1988年，重庆火锅又爆发了"罂粟壳风波"。一些火锅店的经营者为了留住顾客，竟将罂粟壳熬水置于火锅汤中，使火锅味道"鲜美可口"，一些顾客食后，逐渐产生无法抗拒的依赖心理，"罂粟壳风波"由此浮出水面。

第三次危机则是近年发生的从"石蜡火锅"到"飘香剂"，再到"火锅红"、"辣椒精"、"地沟油'、"回锅油"等一系列事件。有些不法商家用石蜡代替牛油，一是为了降低成本，二是增加火锅底料的硬度（当时消费者误认为牛油火锅底料是越硬越好），但工业石蜡对人有致癌作用，是严禁作为食品添加剂使用的。还有的火锅店为了降低成本，往底料里加辣椒精，因为"1斤辣椒精的'辣味'抵得上5斤辣椒"，1袋"火锅红"调料抵得上几斤辣椒油和植物油才能调成的一锅辣椒底料火锅。更为恶心的是，为了节约成本和让味道更浓，一些火锅底料的油使用地沟油、泔水油和"回锅油"，这些锅底油常常是把每次吃完火锅的油经过沉淀分离、水净化处理、高温净化而得的油！而这些反复回锅熬制再沸腾的"回锅油"不仅是违法的，而且极易产生致癌物质，对身体有很大的危害。

福尔马林：35%~40%的甲醛水溶液叫做福尔马林，因其能有效地杀死细菌繁殖体以及抵抗力强的结核杆菌、病毒等，所以有一定的保鲜防腐作用。

工业石蜡：一般从石油当中直接提取，在工业提取过程当中会含有多环芳烃和稠环芳烃，这两种物质是非常强的致癌物，人体摄入石蜡后，会沉积在人体中带来胃炎、结肠炎等疾病。

辣椒精：是采用科学方法从天然原料辣椒中提取，经分离精制而成的一种天然的具有辣味的调味品。其有效成分为辣椒素、蛋白质、氨基酸和糖类。此外还含有少量辣椒红色素。该产品为深棕色黏稠状液体，味觉纯正，极其辛辣。

罂粟：为罂粟科植物，是制取鸦片的主要原料。罂粟壳俗称大烟，其实就是干燥之后的罂粟果壳。罂粟壳内的"有毒物质"长期食用会导致慢性中毒，对人体肝脏、心脏有一定的毒害。

掺伪检验

感官鉴别

鉴别火锅底料是否用了罂粟壳

看外观：完整的罂粟壳呈椭圆形或瓶状卵形，一头尖，另一头呈6~14条放射状排列的冠状物，大多罂粟壳都已破碎成片状，其内表面是淡黄色、微有光泽，有纵向排列呈棕黄色的假隔膜，上面密布着略微突起的棕褐色小点；外表面是黄白色、浅棕色、淡紫色交错相隔，平滑、略有光泽，往往有人为切割的刀痕。

鉴别火锅底料是否含"工业石蜡"

看硬度：合格的火锅底料会随气温变化，产生硬度的变化，一般是冬天硬、夏天软；而含石蜡的底料随时都像"石头样坚硬"，不会随气温的变化而改变。

用手捻：用手试着将成块的底料捻碎，合格的牛油底料有滑腻的感觉，而含石蜡的则非常干涩。

温水泡：可先将底料放入不足50℃的温水中，底料中的牛油很快液化，而不化的石蜡则漂浮在牛油上面。因为牛油的溶点只在28℃~38℃，石蜡的溶点则在56℃~60℃。

安全标准

《火锅底料国家标准》对麻辣火锅底料的定义是：以动植物油脂、食盐、豆瓣、辣椒、花椒等香辛料等为主要原料，经炒制加工或部分熬制，配装或不配装其他辅料包装而成。并对以前出现的添加石蜡、苏丹红等违规行为进行了明确规定：将石蜡和苏丹红列入"不得检出"范围。

国家对罂粟壳的管理使用，有着明确规定，禁止非法销售、使用、贩卖罂粟。

42 令人忧心的 毒榨菜

事件盘点

据2013年6月21日，浙江在线新闻网站消息，东阳市工商局公布了今年上半年食品快速定性检测情况，在抽检的17776批次产品中，不合格221批次，从检测的结果来看，合格率较低的是肉禽蛋和干腌制蔬菜。干腌制蔬菜问题最多，不合格产品达104个批次，合格率为95.9%。在查获问题食品中，二氧化硫和亚硝酸盐含量超标的情况比较普遍。在不合格产品中，二氧化硫含量超标占问题食品的比重达到76.9%，主要集中在土豆、芋芳等脱皮、剥皮销售的蔬菜，榨菜、小萝卜等腌制蔬菜中。同时，亚硝酸盐检测情况也不容乐观，超标食品共有16个批次，主要集中在干腌制蔬菜中。

揭秘不安全因素

许多家庭都有这样的早餐习惯：熬上一锅粥，再配上一碟榨菜，软糯脆香，既下饭又降火。因此，榨菜是家庭的常备佐餐。正因为其销量大，质量问题也一直为消费者所关注。不法商贩为增加腌制咸菜和榨菜的颜色而大量使用苯甲酸钠、硫酸铝钾、漂白剂、着色剂，甚至添加根本不适用于食品的化学品等有毒添加剂，给咸菜和榨菜"扮俏"。为延长保质期，使用防腐剂更是不少黑心商家的惯用手法，如长期食用苯甲酸、二氧化硫超标的食品，将给食用者的消化道、肝、肾等器官造成严重危害，甚至有可能致癌。

二氧化硫：是一种漂白剂，可使食品表面颜色鲜艳、白亮、有光泽，并可起到防腐防霉作用。食用过多含有二氧化硫的食品，会造成呼吸困难、呕吐、腹泻等症状，严重者更有致命的危险。

亚硝酸盐：是一种白色不透明结晶的化工产品，外观极似食盐，也被称为工业用盐。亚硝酸盐是常用的发色剂，在食品生产中用作食品着色剂和防腐剂，所以在食品加工业中常被添加在香肠和腊肉中作为保色剂，以维持良好外观。但是，亚硝酸盐属于剧毒物质，摄入过量会引起中毒甚至死亡。长期食用含过量亚硝酸盐的食品将会增加患癌风险。

苯甲酸：是化学合成的一种防腐剂，在一定的条件下能对食品中霉菌和酵母菌的繁殖起到抑制作用。据了解，一些生产企业为满足消费者对低盐产品的需求，在产品中降低食盐含量，但是对产品不进行严格的灭菌处理，而是依靠添加苯甲酸来控制细菌繁殖、防腐，并因此而增大苯甲酸的使用量。超剂量的防腐剂对榨菜的味道、色泽和人体健康都会造成影响，如果长期服用超标的食品，可能导致人体肠胃功能、血液酸碱度失调，还会对人的肝脏等造成一定损伤。

掺伪检验

感官鉴别

看外观：针对市场上的散装圆形榨菜，消费者要重点辨认，圆形榨菜表面有皱纹，捏起来很柔软有弹性，呈黄褐色，是质量很好的榨菜；颜色发白或发青，表面很光滑，手感硬，捏不动，是质量很差的榨菜。这种榨菜是被药水浸泡过的。经统计，凡是经药水处理过的榨菜，榨菜表面全部都没有皱纹。

理化检验

二氧化硫的测定方法：盐酸副玫瑰苯胺比色法

方法原理：亚硫酸盐或二氧化硫，与四氯汞钠反应生成稳定的络合物，再与甲醛及盐酸副玫瑰苯胺作用生成紫红色物质，其色泽深浅与亚硫酸含量成正比，可比色测定。

操作方法：将样品及二氧化硫标准管中加入四氯汞钠吸收液至10mL，然后再加入1mL氨基磺酸胺溶液（12g/L）、1mL甲醛溶液（2g/L）及1mL盐酸副玫瑰苯胺溶液，摇匀，放置20分钟，用分光光度计于波长550nm处测定吸光度，绘制标准曲线比较定量。

安全标准

《食品中添加剂使用标准》（GB 2760—2011）规定：苯甲酸及其钠盐在腌渍的蔬菜中最大使用量是1.0g/kg（以苯甲酸计）；二氧化硫、焦亚硫酸钠在腌渍的蔬菜中最大使用量是0.1g/kg（以二氧化硫计）。

《食品中污染物限量》（GB 2762—2012）规定：亚硝酸盐（以$NaNO_2$计）不得超过20mg/kg。

第四章 水产品及水产制品

43 化工原料泡制的水发食品

水发食品

化工原料

事件盘点

🕐 2011年4月15日，青岛相关部门查获了一批使用福尔马林和工业碱浸泡的小银鱼，浸泡过的小银鱼更好看，体积增大，有弹性，不容易腐烂。但是食用这种小银鱼后会造成消化道灼伤，严重的可以导致消化道穿孔，甚至休克。特别是长期接触甲醛会导致植物神经紊乱，生殖能力缺失，甚至是白血病。

揭秘不安全因素

水发食品，顾名思义应该是用水来发制的，但有些不法商贩为牟取暴利，竟然使用了苛性碱、过氧化氢、福尔马林（甲醛）等国家明令禁止在食品中添加的药物来泡发或发致干货。使用这些工业原料是为了缩短水发时间，使水发货发得更大、重量增加3~4倍，看上去更白、更新鲜，并可延长保存时间。长期食用被这些有毒物质浸泡的食品将会患上胃溃疡等疾病。

甲醛：为无色、有刺激性气味的气体，易溶于水，其35%~40%的水溶液俗称"福尔马林"，在消毒、熏蒸和防腐过程中常用。经甲醛浸泡的水产品颜色过白、手感较韧、口感较硬。甲醛除了会引起刺激性皮炎，还会对人的呼吸器官黏膜产生强烈刺激作用，并对人体的中枢神经系统有强烈伤害。人体长期微量摄入会影响生育，甚至致癌。

工业碱：是指工业上使用的氢氧化钠或氢氧化钾，又称火碱或烧碱，其溶液呈强碱性和高腐蚀性，对蛋白质有溶解作用，可以使海参、鱿鱼等水发产品膨胀。由于工业碱中杂质和重金属较多，对人体构成危害，国家法规禁止将工业碱用于水发水产品。

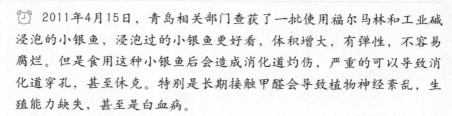

过氧化氢：即双氧水，是一种强氧化剂，添加入食品中可起漂白、防腐和除臭作用，可提高食品外观。过氧化氢与食品中的淀粉形成环氧化物可致癌，特别是消化道癌；短期过度吸入、食入或暴露，可严重灼伤眼睛、皮肤、呼吸道等，出现胃胀甚至破裂、呕吐、内脏出现空洞、角膜溃疡等症状。

掺伪检验

感官鉴别

眼看：使用化工原料浸泡过的水发产品外观色泽晶莹透明、超白、体积肥大，例如牛百叶，天然的颜色应是淡黄褐色，而不是雪白的。没有加药的，颜色不应该那么鲜亮。

鼻嗅：劣质品会嗅出一股刺激性的异味，掩盖了食品固有的气味，如水发产品有刺激性的异味，尽量不要选购；没加药的海产品闻起来是海鲜的味道。

手摸：化工原料浸泡过的水发产品破坏了原来的组织结构，并使蛋白质变性，触摸手感较硬，而且质地较脆，手捏易碎，而没加药的海产品有弹性。

口尝：化工原料浸泡过的水发产品吃在嘴里会感到生涩，缺少鲜味。

理化检验

水发食品中掺甲醛的快速定性检验：间苯三酚法

方法原理：利用甲醛与间苯三酚在强碱性介质中反应出现橙红色作为定性的依据。

检测方法：直接将水发产品的浸泡液或水产品上残存的浸液滴加到检测管中（约1mL），加入2滴混合试剂。同时作空白对照实验。

结果判定：若呈橙红色、浅红色均为掺有甲醛，颜色越深，甲醛含量越高，空白对照管为试剂本色或淡紫色。

水发食品中掺工业碱的快速定性检验

检测方法：（1）取pH试纸一条，浸入水发产品溶液中，将显色情况与色卡比对判断。pH值≤8时为合格，无须进行第二步操作。（2）取不合格（pH值>8）的样品浸泡液1mL于试管中，加入5滴工业碱测试液，如果溶液没有出现气泡，意味着含有工业碱。

安全标准

卫生部公布新食品安全国家标准规定：化工原料属于非食品添加剂，禁止将甲醛、双氧水和工业碱等化工原料作为添加剂用于水发产品中。

我国农业部《无公害食品—水发产品》（NY 5172—2002）规定：干制品水发的水产品，以及浸泡销售的鲜水产品，其酸碱度pH应≤8。

44 染色的 黄花鱼

染色鱼

事件盘点

⏰ 2012年1月5日《长春晚报》报道，家住吉林市船营区的陈女士购买的黄花鱼，回家清洗时水居然变成了黄色，陈女士觉得这些黄花鱼有问题，便向本报记者投诉此情况。4日，记者在吉林市工商局食品分局获悉，这样的黄花鱼是商贩用日落黄或柠檬黄染色过的，过量或长期食用这种染色食物会对身体危害非常大，尤其是孕妇和儿童最好不要食用。

⏰ 2011年10月20日青岛市民发现，市场上的黄花鱼黄得有点稀奇，用手摸一下，手指立马染成一层淡淡的黄色。记者调查发现，一些不良商贩为了将不新鲜的黄花鱼卖个好价钱，会用日落黄或者柠檬黄将黄花鱼的外观染色，使其看起来新鲜光亮，然后再出售，这已成为"行业内公开的秘密"。

揭秘不安全因素

染色剂是黄色食品安全问题的关键，商家为了使黄花鱼的色泽外观鲜艳，迎合部分消费者的不正确消费理念，在生产销售的时候，超范围、超限量使用着色剂。不法商贩用人工合成色素日落黄、柠檬黄给黄花鱼上色，使其看起来新鲜光亮，按照国家标准，日落黄和柠檬黄不可以使用在水产品上，否则是违规使用色素的一种行为。染色黄花鱼长期或过量食用会对人体造成危害，尤其是对孕妇及婴幼儿等敏感人群危害较大，而且很容易诱发神经系统疾病，影响造血功能，对大脑伤害也很大。

日落黄：属于食品合成着色剂，呈橘黄色，易溶于水、甘油，微溶于乙醇，不溶于油脂。耐光、耐酸、耐热，在酒石酸和柠檬酸中稳定，遇碱变红褐色。人体每日允许摄入量（ADI）小于2.5mg/kg体重。可用于饮料、配制酒、糖果等食品中，但不可以使用在水产品上。

柠檬黄：即食用黄色5号，为水溶性色素，属于食品合成着色剂，有着色力强、色泽鲜明、不易褪色、稳定性好等特点。当摄入量过大，超过肝脏负荷时，会在体内蓄积，对肾脏、肝脏产生一定伤害，人体每日允许摄入量（ADI）小于7.5mg/kg体重。

掺伪检验

感官鉴别

观颜色：自然生长的黄花鱼，黄颜色较淡、较柔和；染色的黄花鱼普遍着色较重，或用手指或白色纸巾在黄花鱼的身上擦一下，看是否留下颜色。冷冻成块的染色黄花鱼，冰面有时也会呈现黄色。

捏鱼身：把黄花鱼放在水里用手捏一捏，如果眼睛干瘪、周围有黏液，鳞片脱落，都是不新鲜的。

闻气味：染过色的鱼因为不是很新鲜，鱼腥味比较重。

理化检验

日落黄和柠檬黄的的检测

高效液相色谱仪检测

方法原理：食品中的合成着色剂经聚酰胺吸附法或液—液分配法提取后，制成水溶液，注入高效液相色谱仪，经反相色谱分离，根据保留时间定性和与峰面积比较进行定量。

检测方法：（1）鱼可食部分（鱼肉+鱼皮），将其打碎，混合均匀；（2）称取2克样品于试管中，加入10mL左右石油醚溶解油分，将石油醚蒸干。在试管中加入20mL水，超声提取20分钟后过滤，滤液用聚酰胺粉净化、富集色素；（3）用乙醇-氨水混合溶液将色素洗脱下来，洗脱液蒸发至近干，加水溶解，定容至1mL；（4）经0.22μm滤膜过滤，取20μl进高效液相色谱仪测定。

薄层色谱法及纸色谱法

方法原理：水溶性酸性合成着色剂在酸性条件下，被聚酰胺吸附，再经薄层色谱法或纸色谱法纯化、洗脱后，用分光光度法进行测定，可与标准比较定性、定量。

安全标准

我国《食品安全国家标准　食品添加剂使用标准》（GB 2760—2011）规定，柠檬黄和日落黄可用于果汁饮料、碳酸饮料、糖果、糕点、腌制小菜等食品中，最大允许使用量分别为100mg/kg。按照规定黄花鱼是不允许添加日落黄和柠檬黄的。

45 "孔雀石绿" 浸泡过的活鱼

孔雀石绿

事件盘点

⏰ 据2013年6月3日，新华网消息，广东省中山市渔业局和市工商局近日对中山市光明市场水产品进行了抽检，在12个抽检样本中4个样本被抽检出禁药隐形孔雀石绿，渔业局将根据市工商局的溯源结果以及市食品安全委员会的统一部署，开展专项调查行动。

⏰ 2010年2月3日《广州日报》报道，记者从市区两级渔政部门证实，2009年12月，番禺渔政大队在例行的水产品质量检查过程中，发现个别水产种苗场的黄骨鱼鱼苗受到致癌物孔雀石绿的污染。渔政部门回应表示，此批黄骨鱼受污染的原因是违规使用了孔雀石绿药物，发现问题后，渔政部门及时封存了此批黄骨鱼鱼苗，受污染黄骨鱼没有流入市场。

揭秘不安全因素

由于鱼从鱼塘到当地水产品批发市场，再到外地水产品批发市场，要经过多次装卸和碰撞，容易使鱼鳞脱落。掉鳞会引起鱼体霉烂，鱼很快就会死亡。为了延长鱼生存的时间，少数贩运商在运输前都要用孔雀石绿溶液对车厢进行消毒，而且不少储放活鱼的鱼池也采用这种消毒方式。同时，一些酒店为了延长鱼的存活时间，也投放孔雀石绿进行消毒。而且，使用孔雀石绿消毒后的鱼即使死亡后颜色也较为鲜亮，消费者很难从外表分辨。

孔雀石绿：一种带有金属光泽的绿色结晶体，它既是杀真菌剂，又是染料，易溶于水，溶液呈蓝绿色。为了能延长储放活鱼的存活时间，使死亡后的海鲜颜色鲜亮，使用价格低廉的"孔雀石绿"是很多海鲜运输业的必然选择，也成为"保鲜保活"的法宝。但孔雀石绿具有高毒素、高残留和致癌、致畸、致突变等副作用，许多国家都将孔雀石绿列为水产养殖禁用药物。

掺伪检验

感官鉴别

看鱼鳞：看鱼掉鳞的部位是否着色，一般受伤的鱼经浓度大的孔雀石绿溶液浸泡后，表面发绿，严重的呈现青草绿色。

看鳍条：正常情况下，鱼的鳍条应是白色，而"孔雀石绿"溶液浸泡后的鱼，鳍条易着色。

看通体：若发现通体色泽发亮的鱼就值得警惕。另外，含有孔雀石绿的鱼即使死亡后颜色也较为鲜亮，因此对市场上特别发亮的鱼应有所警惕。

理化检验

高效液相色谱法

方法原理：样品中残留的孔雀石绿用硼氢化钾还原为其相应的代谢产物——隐性孔雀石绿，乙腈乙酸铵缓冲溶液混合提取，二氯甲烷溶液萃取，固相萃取柱净化，反相色谱柱分离，荧光检测器检测，外标法定量。

快速定性法

方法原理：水产品中的孔雀石绿及其代谢产物经过前处理后，样液经过孔雀石绿专用SPE小柱富集形成有色环带，可初步判断样品中是否含有色孔雀石绿。用洗脱剂将柱上待检物洗脱下来，经柱衍生化后，加萃取剂，若萃取剂有明显的绿色或紫色说明样品中含有待检物质。将萃取剂取出滴于白色点滴板上，可在板上形成绿色或紫色环斑，从而可准确定性样品中是否含有孔雀石绿。

安全标准

我国农业部第193号公告将孔雀石绿明确列入《食品动物禁用的兽药及其化合物清单》中，更在农业部第235号公告中将孔雀石绿列为"禁止使用的药物，在动物性食品中不得检出"。同时，全国打击违法添加非食用物质和滥用食品添加剂专项整治领导小组公布，也将孔雀石绿列为食品中违法添加的非食用物质。

延伸阅读

对于外观没有明显变化又怀疑被孔雀石绿浸泡过的鱼，在吃前要尽量用清水浸泡，这样可以尽可能稀释，减轻人体的毒害。

46 农药捕捉的 毒鳝鱼

事件盘点

⏰ 2006年3月18日《中国消费者报》报道，目前在市场上出售的黄鳝来源有两种，一种来自一些水产饲养场，一种来自农田野生的黄鳝。在市场上，野生黄鳝一直更受市民的青睐，价格也要比普通黄鳝贵十几元。为更多地捕获黄鳝，南京市附近农村中就有很多人在稻田和水沟里撒上甲氰菊脂等农药捕捉钻在泥里的鳝鱼，同时，他们也知道死黄鳝不能卖，所以使用农药时都注意控制用量，只是把它呛晕。

揭秘不安全因素

一般养殖者捕捉鳝鱼，都采用传统的下水田捕捉的方式。一些养殖者为了快速大量捕到鳝鱼，却常用"甲氰菊脂"、"冬灭宁"、"水胺硫磷"、"灭扫利"等麻醉化学药剂喷洒在水田中，水下鳝鱼一经接触这些药剂即受到麻醉，会自动浮出水面，这样便可轻而易举地捕获。这样的方式比起脱鞋下水田到处寻找鳝鱼自然是方便快捷，但对消费者来说却潜藏着新毒源的危险。除了用农药毒外，还有人用电打的方式捕捉。

甲氰菊脂：别名"灭扫利"，白色结晶，由于挥发较快，对于农作物是无公害的，但对于鱼类则属高毒，并具有高残留性。菊脂类农药是一种神经毒剂，作用于神经膜，可改变神经膜的通透性，干扰神经传导而产生中毒，所以虽然人体对甲氰菊脂等农药并不十分敏感，但是长期食用含有这些成分的食物，就会慢性中毒。

水胺硫磷：是一种速效广谱性有机磷杀虫、杀螨剂，对蛛形纲中的螨类、昆虫纲中的鳞翅目、同翅目昆虫具有很好的防治作用。水胺硫磷能通过食道、皮肤和呼吸道引起中毒。

灭扫利：为棕黄色液体或固体。几乎不溶于水，溶于二甲苯、环己烷等有机溶剂，是一种菊酯类杀虫剂，具有触杀、胃毒和一定的驱避作用，无内吸性。其最大特点是兼有对多种害螨有优良的防治效果，可用于棉花、果树、茶树、蔬菜等作物上，防治鳞翅目、同翅目和半翅目等害虫和害螨，尤其在虫螨同时发生时，可收到两者兼治的效果。

掺伪检验

感官鉴别

鱼嘴：正常鱼死亡后，闭合的嘴能自然拉开。毒死的鱼，鱼嘴紧闭，不易自然拉开。

鱼鳃：正常死的鲜鱼，其鳃色是鲜红或淡红。毒死的鱼，鳃色为紫红或棕红。

鱼鳍：正常死的鲜鱼，其腹鳍紧贴腹部。毒死的鱼，腹鳍张开而发硬。

气味：正常死的鲜鱼，有一股鱼腥味，无其他异味。毒死的鱼，从鱼鳃中能闻到一点农药味，但不包括无味农药。

理化检验

水胺硫磷含量的测定

方法原理：试样用乙酸乙酯溶解，以癸二酸二正丁酯为内标物，用氢火焰离子化检测器，在5%OV-3填充柱上进行气相色谱测定。

甲氰菊酯含量的测定

方法原理：试样用丙酮溶解，以磷酸三苯酯为内标物，使用3%OV-101/ChromosorbW-HP为填充物的玻璃柱和氢火焰离子化检测器，对试样中的甲氰菊酯进行气相色谱分离和测定。

安全标准

国家标准规定：甲氰菊酯由于挥发较快，对于农作物是无公害的，但对于鱼类则属高毒，并具有高残留性；而菊酯类农药是一种神经毒剂，作用于神经膜，可改变神经膜的通透性，干扰神经传导而产生中毒，所以不允许在鱼类中使用。

延伸阅读

必须吃新鲜鳝鱼

鳝鱼只能吃鲜的，现宰杀烹调，切忌吃死黄鳝鱼。因为黄鳝鱼死后，体内所含的组氨酸会很快转变为具有毒性的组氨，人们食后会引起食物中毒。黄鳝的血清中含有毒素，如果手指上有伤口，一旦接触到鳝鱼血，会使伤口发炎、化脓。

47 工业染色剂着色的 毒海带

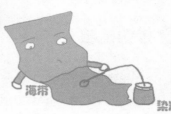

事件盘点

⏰ 2011年4月23日，重庆市质监局执法总队接到群众举报称，位于巴南区的绿海食品有限公司生产的山山牌麻辣海带丝非法滥用食品添加剂。接到举报后，执法人员迅速赶往现场查看。5月22日，检验结果显示，这批麻辣海带丝中添加了苯甲酸，每公斤含量0.019克。

⏰ 2011年3月21日，新华网消息，杭州市工商部门曾经查获过一起"化学海带"事件。调查发现，不法批发商为了推销商品，竟将工业用的化学染色剂碱性品绿和连二亚硫酸钠加水浸泡海带一夜，结果使海带变得翠绿翠绿的，还说是新品种，这两种添加剂不是食用色素，不得用于食品添加。

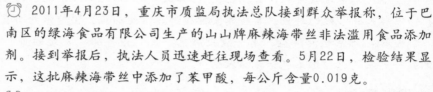

揭秘不安全因素

很多不法摊贩，为了海带看上去有个好的卖相，居然用印染化工染料连二亚硫酸钠和碱性品绿等浸泡海带，有的用孔雀石绿或苯甲酸给海带染色。添加之后的海带看起来碧绿鲜嫩，肉质肥厚有光泽，相当诱人。这种漂制工艺在很多地方是公开的秘密。

连二亚硫酸钠：本身就是一种有毒物质，对人的眼睛、呼吸道黏膜有刺激性，一旦遇水发生燃烧或者爆炸，其燃烧后生成的产物大部分都是有毒的气体；在食品中常作为漂白剂，通常起到固定色素和还原产品本色的功效。

碱性品绿：其真实身份是工业用染色剂，经过加工的物品颜色往往鲜艳夺目。一般海带的颜色是褐绿色或深褐绿色的，但加入"碱性品绿"的海带就呈现出碧绿色。长期食用，其毒性在人体内长期沉淀，可能会产生癌性病变。

孔雀石绿：是一种带有金属光泽的绿色结晶体，又名碱性绿、严基块绿、孔雀绿。它的属性是易溶于水，溶液呈蓝绿色，是有毒的三苯甲烷类化学物化工产品，既是杀真菌剂，又是染料，具有较高毒性、高残留性。长期服用后，容易导致人体得癌症、婴儿畸变等，对人体绝对有害。

苯甲酸：食品工业中常见的一种防腐保鲜剂，但按照《食品添加剂使用标准》，苯甲酸不允许添加到海带丝这类袋装即食食品中。一般情况下，苯甲酸被认为是安全的，但摄入高剂量苯甲酸可能带来哮喘、荨麻疹、代谢性酸中毒等不良反应。

掺伪检验

感官鉴别

看色泽：天然海带整体色泽为自然绿色，根部及尾部呈自然褐绿色，海带丝和海带结等产品的切割部位的创面呈微绿白色；染色海带整体色泽为非自然翠绿色，根部及尾部色泽也为非自然翠绿色，海带结和海带丝等产品的切割部位的创面也与带体的色泽一致，呈非自然翠绿色。

水浸泡：添加食用色素的海带经过再浸泡后水会变绿，而用工业色素的海带则不会掉色。

理化检验

防腐剂苯甲酸的检验

高效液相色谱法

方法原理：样品经提取后，将提取液过滤，经反相高效液相色谱分离测定，根据保留时间定性，外标峰面积定量。

气相色谱法

方法原理：样品经酸化后，用乙醚提取山梨酸和苯甲酸，再用带氢火焰离子化检测器的气相色谱仪进行分离测定，然后与标准系列进行比较定量。

安全标准

我国强制性标准《食品添加剂使用标准》（GB 2760—2011）规定：苯甲酸不允许添加到海带丝这类袋装即食食品中，孔雀石绿被列为食品中违法添加的非食用物质，"连二亚硫酸钠"和"碱性品绿"等化工原料不是食用色素，不得添加在食品中。

延伸阅读

正常情况下，让海带保持颜色新鲜，可以在加工过程中用开水烫，再进行晾干处理，这样加工出来的海带颜色会保持灰绿色。但即使这样，也不会像"毒海带"的颜色那样鲜艳。

48 浸泡增重的问题海参

事件盘点

⏰ 2013年3月21日，据《青岛早报》报道，央视记者在大连海鲜市场、南山市场和台东沃尔玛超市购买了海参，将这些海参送到了中国水科院黄海水产研究所检测，结果显示，在大连购买的两份海参含糖量分别是43.15%和48.74%，在南山市场购买的两份海参含糖量是32.86%和49.00%，而在沃尔玛超市购买的海参含糖量为42.32%。这种糖干海参营养价值低，重量却较一般海参重，2000元一斤的海参竟然含糖近五成。

⏰ 2011年5月13日，据新华社电，辽宁省沈阳市东陵区检查院以涉嫌生产、销售有毒、有害食品罪批准逮捕两名犯罪嫌疑人。据犯罪嫌疑人供述，为了使海参颜色变得好看，体积增大，售卖价格更高，他们用硼砂和工业用火碱勾兑液体来浸泡海参。

揭秘不安全因素

海参具有提高记忆力、延缓性腺衰老，防止动脉硬化、糖尿病以及抗肿瘤等作用。因其营养价值高、价格昂贵，一直是市民心目中的高档食品。但一些商贩别有用心，通过造假欺骗消费者。目前市场上出现最多的掺假海参是"糖干海参"，这种海参在加工过程中，大量添加白砂糖进行浸泡、熬煮，达到增加分量的目的。另外，有的不法商贩为了使海参增大、增重，把鲜海参在饱和盐水、硼砂溶液、工业用火碱溶液中多次熬煮、浸泡然后晒干，通过这种方式使海参增大、增重，售卖价格更高，侵犯了消费者的利益，危及了整个海参产业的发展。

糖干海参：即将海参放置于白砂糖中浸泡、晾干，利用干海参重量中糖分增重，以达到降低海参售价，节约成本的目的。这种加工法本身就是不科学的。糖干海参由于糖分含量过多，微生物附着多于一般海参，保存周期短，在高温季节易吸水产生霉变。此外，长期食用糖干海参，会使胰岛素分泌过多，碳水化合物、脂肪代谢紊乱，引起人体内分泌失调进而导致多种慢性疾病，尤其对糖尿病患者来说，可能威胁生命安全。

工业火碱：是指工业上使用的氢氧化钠或氢氧化钾，又称烧碱，其溶液呈强碱性和高腐蚀性，对蛋白质有溶解作用，可以使海参、鱿鱼等水发产品膨胀。由于工业碱中杂质和重金属较多，对人体构成危害，国家法规禁止将工业碱用于水发水产品中。

硼砂：为硼酸钠的俗称，是一种无色半透明晶体或白色结晶粉末，硼砂作为制作消毒剂、保鲜防腐剂等的原材料，却被用于海参泡发中，用于改善其色泽和保鲜，并有增加弹性和膨胀的作用。但硼砂能致癌，对人体危害极大。

📀 掺伪检验

■ 感官鉴别

味道：糖干刺参会有糖的甜味，用舌头舔海参的切开面会感觉到甜味。

加温：因糖遇热会融化，所以可用手心、打火机、电吹风等工具对海参加热，一般超过40度时就会明显变软，这时可以用手掰住海参的两头向同一方向对折，海参能弯曲，温度高的时间越长软化得越严重。

比重：糖干刺参因添加了糖、盐，所以比重较大。

涨发率：因为糖干海参加糖增重，因此海参有效质量降低，海参涨发率也自然就降低很多。一般合格海参涨发率在2倍以上，而糖干海参涨发率一般都在1.5倍甚至更少。

■ 理化检验

水发食品中掺工业火碱的快速定性法

检测方法：（1）取pH试纸一条，浸入水发产品溶液中，将显色情况与色卡比对判断。pH值≤8时为合格，无须进行第二步操作。（2）取不合格(pH值>8)的样品浸泡液1mL于试管中，加入5滴工业碱测试液，如果溶液没有出现气泡，意味着含有工业碱。

安全标准

《干海参（刺参）》(SC/T 3206—2009)规定：海参加工仅允许使用食盐，不允许使用其他食品添加剂，干海参的理化指标包括水分不大于15%，盐分不大于40%，水溶性还原糖不大于1.0g/100g，复水后干重率不小于40%，含沙量不大于2.0%。

卫生部公布新食品安全国家标准规定：硼砂、工业火碱不得作为添加剂用于水发水产品中。

49 "明胶+色素" 制作的人造鱼翅

事件盘点

⏰ 2013年1月8日，央视曝光整个假鱼翅的制作过程：第一步配制原料液：将25kg水烧开后倒入500g海藻酸钠中搅匀，再用少量水将200g食用明胶煮沸溶解后加入海藻酸钠溶液中，同时加入盐和味精搅拌均匀。第二步配制氯化钙水溶液：将温水10kg放入缸内，加入50g食用氯化钙并搅拌均匀。第三步加工成品：把原料液慢慢从漏勺中漏入食用氯化钙液的缸内，并凝固成银丝状后，浸泡30min完全凝固；然后将银丝捞出，用清水冲洗数遍，再放入清水中浸泡10h后即得 "鱼翅" 成品。

⏰ 2013年6月3日中国江苏网消息，明胶加色素做出的鱼翅被曝光后，鱼翅市场平静了一段时间，就在人们逐渐将假鱼翅淡忘的时候，日前，南京又发现了新的假冒鱼翅，和上次不同的是，这次成本更加低廉，用料就是普通的绿豆粉。

揭秘不安全因素

鱼翅，是人们餐桌上的一道高档美食。鱼翅不仅加工工艺复杂，而且价格非常昂贵。因而不少造假者就看中了这里面的商机，干起了加工制造假冒鱼翅的 "生意"。造假者用类似真鱼翅的产品如绿豆粉、鱼胶、鱼皮、明胶和海藻酸钠制作成假鱼翅，再加入琼脂和其他添加剂，以增加耐热性和黏性。这种假鱼翅不但价格低廉，而且不易吃出来。但假鱼翅中的重金属尤其是汞和镉的含量却远远超出正常食品中的含量，过量食用会对人体造成很大伤害。

明胶：是一种从动物骨头或结缔组织中提炼出来，带浅黄色的胶质，主要成分为蛋白质。食用明胶中含有18种氨基酸，是一种理想的蛋白源，被作为增稠剂广泛用于食品加工。工业明胶在化工行业主要用作黏合、乳化和高级化妆品的制作原料。

掺伪检验

感官鉴别

气味：没有做成菜品的假鱼翅，不会有真鱼翅那样浓烈的鱼腥味。

色泽：真鱼翅泡发前为白色，做成熟食则为晶莹剔透的半透明状或接近全透明状，形态饱满，假鱼翅不像真鱼翅那样有透明度，干的假鱼翅往往颜色有些混浊、偏黄一些。

硬度：没有浸泡过的假鱼翅毕竟是用工业胶等制作的，相比真鱼翅比较硬一些，用手一掰能轻易掰断，而真鱼翅通常只会变弯而不会折断。

弹性：假鱼翅不耐火候，虽然看上去很粗，但煮过后容易变软，吃起来弹性比不上真鱼翅，真鱼翅比较爽口且有弹性，咬起来有"骨感"，口感韧度好。

黏度：假鱼翅的黏性没有真鱼翅强。

形状：真鱼翅一端稍显圆粗，另一端为渐细的针状，翅针之间有翅肉相连。假鱼翅都是人为切出来的，要么两头都是粗的，要么两头都是尖的，而且没有翅肉。

理化检验

DNA检测：DNA检测才能辨别鱼翅真伪，但目前大多数食品检验机构具备的检验资质都限于理化、安全等范围，并不涉及DNA这样的生物学检验。

鱼翅中重金属镉的测定（石墨炉原子吸收光谱法）

方法原理：试样经灰化或酸消解后，注入原子吸收分光光度计石墨炉中，电热原子化吸收228.8nm共振线，在一定浓度范围，其吸收值与镉含量成正比，与标准系列比较定量。

鱼翅中重金属汞的测定（原子荧光光谱分析法）

方法原理：试样经酸加热消解后，在酸性介质中，试样中汞被硼氢化钾或硼氢化钠还原成原子态汞，由载气（氩气）带入原子化器中，在特制汞空心阴极灯照射下，基态汞原子被激发至高能态，在去活化回到基态时，发射出特征波长的荧光，其荧光强度与汞含量成正比，与标准系列比较定量。

安全标准

《干鲨鱼翅》（SC/T 3214—2006）规定了干鲨鱼翅的定义为：

生翅：未经除沙且带皮的鲨鱼翅；明翅：经去沙去皮的鲨鱼翅；翅饼：由鲨鱼翅丝按一定的形状排列而成的鲨鱼翅。而未允许用类似真鱼翅的产品如鱼胶、鱼皮、明胶和海藻酸钠来制作成假鱼翅。

50 化学药品漂白的 烤鱼片

🖥 事件盘点

⏰ 2011年3月3日《北京晚报》报道,据北京市工商局通报,共有9种不合格食品被要求全市下架。不合格食品主要包括"亚硝酸盐"烤鱼片和"亚硫酸盐"话梅。据介绍,为让烤鱼片有个好"卖相",一些生产厂家就使用国家禁止使用的亚硝酸盐给鱼片漂白、脱色。

🔍 揭秘不安全因素

烤鱼片主要是由淡水鱼和海鱼两类鱼片经调味、烘烤、辊压制成的方便食品。而一些不法商贩为了维持良好的外观,延长保存时间,在鱼片上涂上由亚硫酸盐、亚硝酸盐和山梨醇等调配好的调料进行腌制,放在外面晾晒后烘烤,最后进行包装。亚硫酸盐主要是用来漂白鱼片的,让其颜色看上去更鲜亮,而长期摄入含过量亚硫酸盐和亚硝酸盐等添加剂的食品会影响身体健康。

亚硝酸盐:是常用的发色剂,在食品生产中用作食品着色剂和防腐剂,所以常在食品加工业被添加在香肠和腊肉中作为保色剂,以维持良好外观;但是亚硝酸盐属于剧毒物质,摄入过量会引起中毒甚至死亡。

亚硫酸盐:可作为食品漂白剂、防腐剂,防止食品褐变,使水果不至黑变,还能防止鲜虾生成黑斑,延长保存时间。长期摄入亚硫酸盐可能会影响身体健康,轻则恶心、腹痛、胃部不适,重则损肝伤肾。

山梨醇:又名山梨糖醇,在食品中可作为甜味剂、保湿剂、赋形剂、防腐剂等使用,食品工业中多用含量为69%~71%的山梨醇液。毒性试验显示,内服过量会引起腹泻和消化紊乱。

⏲ 掺伪检验

▨ 感官鉴别

看外观:非常白的烤鱼片可能使用了漂白剂或添加了淀粉类物质。好的烤鱼片一般呈黄白色、微黄色。

选袋装：尽量选购袋装烤鱼片，因为散装烤鱼片直接暴露在空气中，一方面由于空气干燥使烤鱼片水分减少，致使烤鱼片又干又韧，影响口感，另一方面又极易受到环境中细菌、灰尘、虫蝇等污染，使鱼片感染病菌或变质。

挑近期产品：烤鱼片的保质期一般为6个月，消费者购买时尽量选购近期生产的产品，因为该产品水分、蛋白质含量较高，易滋生细菌，尤其在气温较高的环境中存放容易发生霉变现象。

理化检验

亚硝酸盐的检测

盐酸萘乙二胺定量测定

方法原理：试样经沉淀蛋白质、除去脂肪后，在弱酸条件下亚硝酸盐与对氨基苯磺酸重氮化后，再与盐酸萘乙二胺偶合形成紫红色染料，其最大吸收波长为538nm，测定其吸光度后，与标准比较测得亚硝酸盐含量。

快速定性测定

方法原理：按照国标GB/T 5009.33盐酸萘乙二胺显色原理做成的速测管，与标准比色卡对比定量，又称格林试剂法。

安全标准

卫生部最新发布的国家强制性标准《食品添加剂使用标准》（GB 2760—2011）规定：亚硝酸盐能仅允许在腌、熏、酱、炸等熟食肉制品有微量残留，限量仅为30mg/kg，最高熏制火腿残留量也不得超过70mg/kg。

延伸阅读

食用烤鱼片时应注意以下几点：

1. 变质的烤鱼片不可食用。若发现烤鱼片已出现手感发黏、有霉斑、有臭味或有明显异味等现象，说明鱼片已变质或被污染，食用后易引发肠道疾病，影响人体健康。

2. 有些烤鱼片生产企业为降低成本，在产品中掺加了淀粉、面粉等物质，若品尝时感觉有淀粉味道，或鱼片表面上有一层粉状物或异常白色的烤鱼片，不要购买。

3. 儿童不宜一次过多食用烤鱼片。由于烤鱼片中蛋白质含量很高，过量食用后容易引起消化不良及影响儿童食欲，长期食用将造成儿童膳食营养不均衡。

4. 开袋后的烤鱼片不宜放置过久，一是风干后影响口感，二是易滋生细菌，因此尽量按食用量来选择烤鱼片的产品规格。

第五章 果蔬类

51 喷硫酸"美容"的毒荔枝

📇 事件盘点

⏰ 2011年7月28日中安在线（合肥）讯，记者接到市民余女士举报，她在阜南路边摊上购买的荔枝颜色鲜艳，购买的时候，荔枝浸泡在盛有浅黄色水的盒中，看上去又大又红，特别新鲜。可吃起来却完全没有荔枝的香甜味，反而是一股酸味。记者联系了合肥市工商局，工作人员说"以前查处过药水泡荔枝的不良商贩，当时他们普遍使用的是稀释过的硫酸，商贩将荔枝浸泡在稀硫酸中，是为了让荔枝不腐烂，进行保鲜，同时也能让荔枝变得好看，色泽鲜艳"。

📷 揭秘不安全因素

荔枝含有丰富的糖分、蛋白质和多种维生素，属于热带水果，成熟期短，很强调食用新鲜及时，不宜运输和保存，所以很多商贩都会在荔枝表面喷洒硫酸溶液或乙烯利水剂用来保鲜，喷洒过硫酸的荔枝鲜红诱人，颗粒大而饱满，看似很新鲜，卖相很好。这类浸泡液酸性较强，会使手脱皮，嘴起泡，还会烧伤肠胃，即使硫酸浓度很小，在未清洗干净的情况下，对身体也会造成伤害。还有人用硫磺熏制荔枝，而二氧化硫对眼睛、喉咙会产生强烈刺激，导致人头晕、腹痛和腹泻。

硫酸：是一种无色无味油状液体，有腐蚀性，可以灼伤人体消化道，容易引发感冒、腹泻及强烈咳嗽。有强氧化性，反应后自身被还原为二氧化硫，二氧化硫有漂白防腐的作用。荔枝上喷洒的"硫酸水"，可在短时间内保持外观新鲜。正常成熟的荔枝表面有红有黄，腐烂后才呈黑色。而被"硫酸水"喷过的荔枝，虽然外表看新鲜通红，但一天后荔枝就变成黑色。

硫磺：是一种化工原料，硫磺燃烧能起漂白、保鲜作用，使物品颜色显得白亮、鲜艳。硫磺燃烧后能产生有毒的二氧化硫，会毒害神经系统，损害心脏、肾脏功能。

乙烯利：有机化合物，纯品为白色针状结晶。乙烯利水剂是一种低毒激素类催熟农药，是优质高效植物生长调节剂，具有促进果实成熟，刺激伤流，调节性别转化等效应。使用应控制在一定剂量内，过量使用会导致农作物上的残留量过高，有致癌、诱发孩子早熟的可能。

掺伪检验

感官鉴别

一摸：触摸毒荔枝时，手会觉得潮热，甚至有烧手的感觉。

二闻：自然成熟的荔枝闻起来有荔枝本身淡淡的香味；而毒荔枝不仅没有香味，仔细闻有股刺鼻的异味，甚至还有化学药品的味道。

三掂：毒荔枝比自然熟的荔枝分量重一些。

四看：由于鲜荔枝的保存时间短，所以一般需低温冷藏保存。如果看见荔枝被商贩随便放在盒子里，上面用塑料布一盖，要怀疑是否为毒荔枝。

理化检验

pH试纸定性酸性保鲜剂

操作方法：用吸管吸一滴荔枝的浸泡液或荔枝的表皮液滴在pH试纸上，试纸若呈现出酸性（参照标准试纸），这表明喷过酸性保鲜剂。

安全标准

硫酸主要用于化工业，不是食品添加剂，不能用于食品的漂白处理。

按照《中华人民共和国食品卫生法》及相关法律法规的规定，在新鲜水果中禁止使用硫磺熏制，禁止销售用硫磺熏制过的新鲜水果。

延伸阅读

荔枝选购诀窍

新鲜荔枝色泽自然，个头大小均匀，皮薄肉厚，富有香气。挑选时可先在手里轻捏，好荔枝的手感应该发紧且有弹性。鲜荔枝的颜色一般不会很鲜艳。如果荔枝头部比较尖，而且表皮上的"钉"密集程度比较高，说明荔枝还不够成熟，反之就是一颗成熟的荔枝。如果荔枝外壳的龟裂片平坦、缝合线明显，则味道甘甜。

52 熏蒸"美容"的 毒桂圆

事件盘点

⏰ 2013年2月19日昆明信息港报道，云南出入境检验检疫局勐腊分局称，该局从送检的22批泰国龙眼样品中，检出7批龙眼样品二氧化硫残留量超标，最高残留接近标准限量的5倍。根据规定，该局已对"问题龙眼"作出退货处理。

⏰ 2011年5月25日《东南快报》报道，近日，本报联合福建电视台新闻频道，对福州多家水果店以及水果批发市场进行了暗访，并购买了一些龙眼送检。检测报告的数据显示，整果二氧化硫严重超标，据店主称这些龙眼刚从南通水果批发市场进货，是泰国进口的。福州市经济作物技术站的一名资深研究员称，硫磺熏蒸保鲜法是龙眼保鲜中使用的传统方法之一，目前市场上发现熏蒸的龙眼大部分来自泰国、越南等地，国内龙眼很少有这种情况。因为进口龙眼若是不经熏蒸，在长途运输过程中就会变质，根本到不了中国市场。

揭秘不安全因素

桂圆、龙眼是对同一水果的不同状态的称呼，一般鲜品叫龙眼，干品称桂圆。桂圆口感甜，有特殊香味，有补虚益智作用，北方常作为病后和产后的营养品。市场上的不良商贩为了给桂圆除色、杀虫和防腐，使肉色增白，常用硫磺进行熏制漂白，经硫磺熏制后的鲜桂圆保鲜期可延长到10天，同时又可以有效地防虫蛀和防霉变，但这会使二氧化硫残留量严重超标，食用这种硫磺桂圆，会出现头晕、呕吐和腹泻等中毒症状，甚至昏迷。

硫磺：是一种化工原料，硫磺燃烧能起漂白、保鲜作用，使物品颜色显得白亮、鲜艳。硫磺燃烧后能产生有毒的二氧化硫，会毒害神经系统，损害心脏、肾脏功能。我国规定仅限于干果、干菜、粉丝、蜜饯、食糖的熏蒸。

二氧化硫：是一种食品添加剂，具有漂白、防腐等功能；食品中添加二氧化硫有严格的使用范围和使用量，仅用于干货、糖果等食品中，被禁止用来"漂白"

生鲜食品。超量或长期使用，可破坏人体维生素，易发骨髓萎缩、肺气肿和哮喘等疾病，严重的还会引起神经类疾病甚至致癌。

ⓘ 掺伪检验

▣ 感官鉴别

看色泽：用硫磺熏过的桂圆颜色偏白，显得"白乎乎"的，样子显得透亮，颜色很整齐。未经硫磺熏制的桂圆，颜色发黄。

尝味道：硫磺熏蒸的桂圆不甜，口感欠佳，味道很怪；而新鲜桂圆口感很甜，水分较多。

闻气味：用硫磺熏过的桂圆只要用手搓一搓或者太阳底下晒一晒，在手上就会留下一股淡淡的硫磺刺鼻的味道，而好桂圆则没有这些特点。

▣ 理化检验

二氧化硫及亚硫酸盐的测定：盐酸副玫瑰苯胺比色法

方法原理：亚硫酸盐或二氧化硫，与四氯汞钠反应生成稳定的络合物，再与甲醛及盐酸副玫瑰苯胺作用生成紫红色物质，其色泽深浅与亚硫酸含量成正比，可比色测定。

操作方法：将样品及二氧化硫标准管中加入四氯汞钠吸收液至10mL，然后再加入1mL氨基磺酸胺溶液（12g/L）、1mL甲醛溶液（2g/L）及1mL盐酸副玫瑰苯胺溶液，摇匀，放置20min，用分光光度计于波长550nm处测定吸光度，绘制标准曲线比较。

适用范围：此方法适用于含SO_2＜50ppm，含量高时适于用碘量法及中和法测定。

安全标准

农业标准《无公害食品荔枝、龙眼、红毛丹》（NY 5173—2005）中规定，龙眼中二氧化硫的残留限量指标应小于或等于30mg/kg。

▣ 延伸阅读

龙眼的保存

龙眼肉质易变，不适宜储存过久，购买后最好迅速吃掉。吃不完的可用保鲜袋密封放在冰箱中，可暂时存放一段时间。值得留意的地方是，龙眼果蒂部位不宜沾水，否则易变坏，凡用水冲洗过的龙眼，均不能久存。

53 膨大剂超标的 爆炸西瓜

膨大剂超标西瓜

📋 事件盘点

⏰ 从2011年5月8日开始，江苏省镇江市丹阳市延陵镇大吕村，某瓜农种植的40多亩西瓜还没有成熟就纷纷炸裂开来，截至5月13日此事件被各大媒体曝光，其数十亩西瓜已满地"开花"。瓜农坦言："我们确实使用了膨大剂，但使用的时候已经出现大幅度炸瓜的情况。"随后，各媒体纷纷把"膨大剂"推至风口浪尖。截至6月1日，受此事件影响，各地大批西瓜严重滞销。

⏰ 2013年6月18日《南国早报》报道，大家可能也都有这样的经历，切西瓜时，刀刚碰到西瓜，瓜皮就应刀而裂了，这似乎还被认为是西瓜又好又甜的标志，但西瓜在大田中随意裂开可不是什么好事。有人将罪魁祸首的大帽子扣在了植物激素——膨大剂头上。膨大剂是炸弹制造者吗？权威专家解释：影响西瓜开裂的因素很多，这牵扯西瓜的品种、天气情况、肥料情况等诸多因素，因此将爆炸元凶的大帽子扣在膨大剂的头上有失公允。

🔍 揭秘不安全因素

西瓜果肉水分较多，且味甜，是人们夏季主要的清暑止渴的佳品。但是个别不良瓜贩为了卖相更好，西瓜个大，上市之后更容易获得消费者的青睐，在西瓜成熟阶段注入膨大剂、催熟剂等激素。一般使用膨大剂的西瓜单只重量在4kg左右，若是超量使用，就会出现单只6kg的"巨大个"。膨大剂、催熟剂是刺激的药物，对人体的危害表现在残留物，一旦残留在果实上，食用以后对人体造成伤害。

膨大剂：属于植物生长调节剂中的一类，中文通用名为氯吡脲，属苯脲类物质，它具有加速细胞分裂，促进细胞增大、分化和蛋白质合成，提高坐果率和促进果实增大的作用。

催熟剂：常用的催熟剂是乙烯利，使用催熟剂的早熟的水果，其维生素和微量元素被破坏，营养得不到保证。人体经常食用经过催熟的水果容易引起恶心、呕吐等症状，如果剂量再大，可能引起肝肾以及脑部损害。

因为现阶段适量使用没有证据显示其生产的瓜果对人体有害，其增产效果又十分明显，所以近几年在我国被大量使用，不仅是西瓜，苹果、梨等其他瓜果也被广泛使用。但是如果膨大剂过量使用和在采摘前的不当时间使用就会导致西瓜"爆炸"。

掺伪检验

感官鉴别

目测：自然成熟的西瓜，西瓜籽黑且饱满；而施药西瓜，时间短，积温达不到，瓜瓤红了，可瓜子却仍然瘪瘪的发白。

手掂：使用了膨大剂的西瓜个儿大，一般可达6~10kg，而正常的西瓜在4kg左右。

口尝：膨大剂西瓜的味道很淡，不怎么甜，咬起来不沙，不爽脆，没有西瓜的清香味。

体型：打了膨大剂的西瓜，由于喷洒农药和吸收不均匀，易出现歪瓜畸果，比如两头不对称、中间凹陷、头尾膨大等，表面有色斑或色差大等。而正常的西瓜的外形应是球形或椭圆形的，并且表面平整光滑。

安全标准

国家标准《食品安全国家标准　食品中农药最大残留限量》（GB 2763—2012）规定：西瓜中农药氯吡脲含量不得超过0.1mg/kg。

对于西瓜而言，用30mg/kg浓度的膨大剂溶液浸泡幼果，40天后瓜皮上的残留量低于0.005mg/kg，低于我国规定浓度。正常使用是不会带来健康危害的。

延伸阅读

膨大剂的安全使用

并不是所有个头较大的瓜果都是使用了膨大剂，有的可能是品种优良而致。另外，适量使用膨大剂在水果种植中是允许的，只要是在正常使用量范围内，膨大剂是安全的，但是不可过量。

54 石灰捂熟的芒果

📋 事件盘点

⏰ 2013年6月4日《法制晚报》报道：近日，一组新发地商贩用生石灰掺催熟剂来催熟芒果的照片在网上引发关注。记者走访发现，在新发地农产品批发市场，这种催熟方法已成业内使用多年的公开秘密。记者看到，商贩在调配催熟剂的时候，先将乙烯利倒在勺子里，再放进石灰水里，但具体使用量"没有算过"，"凭感觉"。记者采访相关专家表示，因乙烯利挥发性极强，石灰水结合乙烯利催熟的方法全世界通用。一般情况下不允许乙烯利直接接触水果表面，所以需要将乙烯利加入石灰水中，再沾上纸张，乙烯利慢慢挥发过程中有利于水果成熟。该种催熟方式如正常使用乙烯利，只会影响口感和营养，但如滥用或过量使用，可能会对人体有害。国标规定，"乙烯利"的最大残留量为2mg/kg。但果农在实际操作中，一般凭经验，往往会超量使用。

⏰ 2012年3月9日《聊城晚报》报道：近日，有市民反映，在光明水果蔬菜批发市场，有商贩用生石灰兑水把生芒果捂熟，不知道石灰会不会渗透到芒果皮肉里，会不会危害人体健康。记者调查发现，有许多商家销售用石灰催熟的芒果。专家分析，石灰对人体有害无益，提醒消费者食用芒果时一定洗净并用工具去皮。

📷 揭秘不安全因素

芒果属于热带水果，须从南方采购。如果直接采购熟芒果，运输途中将要消耗高额的保鲜费用。所以一些商贩就直接把没熟的青芒果买回来加工后再上市。买点石灰粉和催熟剂，刷在装芒果的纸箱子里，让纸片直接和芒果接触，只需要2小时就可以催熟。乙烯利是国家允许使用的农药，可用来催熟一些瓜果及蔬菜，但对其用量有严格要求；石灰相比之下则便宜很多，也是我国允许使用的加工助剂，但在食品加工过程中得根据生产需要适量使用。使用乙烯利可以加速芒果的后熟过程，在正常使用情况下，不会对人体产生危害。芒果果皮上沾染少量的石灰，通过清洗、去皮等过程，基本不会对食用者的健康造成影响，但吃多了对人体会产生灼烧感，有一定的伤害。专家提醒，芒果买回后可先用清水浸泡30min，或者放置24小时左右，残留的乙烯利就会分解和消失。

乙烯利：有机化合物，纯品为白色针状结晶，工业品为淡棕色液体。乙烯利水剂是一种低毒激素类催熟农药，是优质高效植物生长调节剂，具有促进果实成熟，刺激伤流，调节性别转化等效应。使用应控制在一定剂量内，过量使用会导致农作物上的残留量过高，有致癌、诱发孩子早熟的可能。

生石灰：化学名为氧化钙，白色块状，在空气中能吸收水和二氧化碳，遇水会产生化学反应并释放一定的热量，这种热量能提高芒果的贮藏温度，加快芒果的后熟过程。大量食用生石灰对呼吸道有强烈的刺激性，还会灼伤腐蚀口腔和食道。

掺伪检验

感官鉴别

看果皮：自然成熟的芒果，外观颜色不会很均匀。而催熟的芒果大多数小头顶尖处呈翠绿色，其他部位果皮发黄。

闻果香：自然成熟的香味会更加浓郁，个别催熟芒果却有异味。

用手摸：自然成熟的芒果有硬度、有弹性，催熟的芒果比较软。

掂分量：自然成熟的相对重一些，催熟的芒果比较轻。

理化检验

乙烯利的检测（气相色谱法）

方法原理：用甲醇提取样品中乙烯利，经重氮甲烷衍生成二甲基乙烯利，用带火焰光度检测器（磷滤光片）的气相色谱仪测定，外标法定量。

安全标准

根据《食品安全国家标准　食品中农药最大残留限量》（GB 2763—2012）规定，芒果中乙烯利最大残留限量是2mg/kg。

根据《食品添加剂卫生标准》（GB 2760—2011）规定，氧化钙是允许使用的加工助剂，在食品加工过程中可根据生产需要适量使用。

55 工业蜡美容的 苹果

苹果

事件盘点

⏰ 2012年7月1日《健康饮食报》报道，近日，一条名为"五个苹果刮出半斤蜡？"的微博引来网友强势围观。记者探访南京水果市场了解到，苹果上蜡早已不是新鲜事，为使水果"卖相"好，能长期保存，很多水果都要"上妆"后再卖。相关专业人士表示，国家是允许在水果表面做打蜡保鲜处理的，给水果打蜡有专门的上蜡机器。先要清洗水果，擦干后再上蜡。专家解释，正规加工使用的食用蜡原本无害，但由于食用蜡价格较贵，而工业蜡则便宜许多，因此有些无良商家为节约成本，用工业蜡代替食用蜡，食用工业蜡对人体会产生不良影响，由于食用蜡和工业蜡很难用肉眼分辨，建议广大市民对于打蜡的水果，食用前应先用盐水清洗，或者干脆去皮之后再食用。

揭秘不安全因素

苹果收获后，为了提高商品价值并延缓苹果的水分流失，常用打蜡机进行上光，并可能有保鲜剂处理之类的问题。事实上，国家是允许在水果表面做打蜡保鲜处理的,苹果表皮本身就含蜡，是一种脂类成分，可防外界微生物入侵；而用做水果保鲜的蜡一般是天然植物蜡作为成膜剂制成的食用蜡，主要成分是纯天然的虫胶和巴西棕榈蜡，两种都是可食用的，对身体并无害处。苹果打蜡是一种保鲜手段，目的是延长保质期和防虫。打过蜡的水果看上去十分新鲜，顾客一看到就有食欲，这样卖得更好。但一些无良商家为节约成本，用工业蜡代替食用蜡，工业蜡中所含的汞、铅等重金属可能通过果皮渗透进果肉，从而影响消费者的健康。

工业石蜡：一般从石油当中直接提取，在工业提取过程当中会含有多环芳烃和稠环芳烃，这两种物质是非常强的致癌物。此外，人体摄入石蜡后，还会造成腹泻等肠胃疾病。目前部分火锅底料、油料、方便粉丝和一些劣质桶装方便面（桶壁）中含有此类物质，甚至一些方便筷和纸杯中也能发现工业石蜡的存在。

食用蜡：食用蜡一般是天然的动植物的分泌物（种类包括蜂蜡、木蜡混以蜂花粉、蜂蜜、蜂蜡线、奶油、红米粥、糖、水组成），其功效和质感类似于生活用的各种蜡品，但因其天然产物的特性，与其他化工产品的蜡又有本质上的不同。食用蜡产自生物体，其主要成分是碳水化合物、脂、有机酸等。食用蜡用于食物上光，保鲜，一般情况下一次性少量摄入食用蜡，对人体不会造成危害。

掺伪检验

感官鉴别

擦一擦：可用手或餐巾纸擦拭水果表面，如能擦下一层淡淡的红色，就很有可能使用过工业蜡。

洗一洗：食用蜡和工业蜡不太容易用肉眼分辨，水果食用前应用盐水清洗，或者干脆去皮后再食用。

理化检验

食品中石蜡的快速定性法

操作方法：取样于样品杯中一半体积，加入70℃以上的热水至样品杯近满处，用洁净牙签轻轻搅动30s以上，静置片刻使溶液温度降低到50℃以下（固体石蜡的熔点为50℃~65℃）

结果判断：如果样品中掺有石蜡，液面上会出现细微的油珠，随着温度的降低和时间的延长，液体石蜡的油珠聚集加大，固体石蜡的油珠会结成白色片状物浮于液面上。

食品中石蜡的定量测定（气谱-质谱联用）

方法原理：利用硫黄与石蜡在燃烧时的特征反应，能定性地分析食品中石蜡的存在。该方法利用GC/MS分析方法快速定量检测食品中石蜡。

安全标准

我国《食品添加剂使用卫生标准》（GB 2760—2011）规定：一些高档水果是可以人工加上食用蜡的，这种"人工果蜡"多从螃蟹、贝壳等甲壳类动物中提取而来，对身体并无害处，但不允许将工业蜡用于食品中。

56 染色打蜡的问题橙子

📋 事件盘点

⏰ 2013年1月8日《新京报》报道：日前，网上和外地纷纷曝出"染色橙子"。近日，记者跟随相关专业检测机构对随机购买的橙子进行实验测试，发现一些颜色很红艳鲜亮的橙子表皮确实有被染过色的迹象，所幸暂未发现果肉被污染。丰台一家水果摊销售人员称，给水果打蜡染色并不是什么稀奇事，由于很多橙子是在还未完全成熟的时候被摘下，为了让橙子卖相更好一些，也为能保存时间更长，就会给橙子上色打蜡。相关专业人士介绍，有些商贩为了让橙子卖相更好，在表皮上染上色素，再在上面打石蜡，还有的外观长得不太好甚至有坏斑点的橙子，也可能用这样染色打蜡的方式遮盖瑕疵。给橙子染色，无论用的是工业染料还是食用色素，都是不允许的。按照国家规定，初级农产品不能上色，即使是食用色素也不能用在水果上。尽管此次实验暂未发现果肉被色素污染，但一旦染料用量过大，仍不排除色素有渗透进果肉的可能。消费者摄入后在人体内积聚到一定量，有可能对肝脏产生损害。

🔍 揭秘不安全因素

市场上的橙子颜色格外艳丽，当你遇到这样的橙子时，可要小心了，它有可能是被染过色的橙子。有些商贩为了让橙子色泽更漂亮、卖相更好，就把色素注射到橙子皮里，再在皮上打些石蜡，使橙子看起来很新鲜，但这样的橙子会掉色。还有商家甚至把长有霉斑的橙子清洗干净、晾干，然后用石蜡给橙子打蜡上色。这样，原本长了霉斑、灰头土脸的橙子转眼间变得又红又亮。

工业染料：是用于纺织品、皮革制品及木制品的染色的物质，因价格便宜、着色强、稳定性强，所以被不法商贩用做替代食品染料的着色剂。

工业石蜡：一般从石油当中直接提取，在工业提取过程当中会含有多环芳烃和稠环芳烃，这两种物质是非常强的致癌物。此外，人体摄入石蜡后，还会造成腹泻等肠胃疾病。目前部分火锅底料、油料、方便粉丝和一些劣质桶装方便面（桶壁）中含有此类物质，甚至一些方便筷和纸杯中也能发现工业石蜡的存在。

掺伪检验

感官鉴别

看外观：染过色的橙子，表面看起来特别红艳，仔细观察，可发现表皮皮孔有红色斑点，一些橙表面甚至有红色残留物。

湿巾擦：用湿巾擦拭橙子表面，如果湿巾变红，说明橙子可能被染色；没染色的橙子，湿巾擦拭后只能看到淡淡的黄色。

看橙蒂：染色严重的橙子，橙蒂也会变成红色；没染色的橙，橙蒂是白绿相间的。

摸表面：染过色的橙子，表面摸起来黏黏的；没染色的橙，摸起来比较自然。

理化检验

食品中石蜡的快速定性法

操作方法：取样于样品杯中一半体积，加入70℃以上的热水至样品杯近满处，用洁净牙签轻轻搅动30s以上，静置片刻使溶液温度降低到50℃以下（固体石蜡的熔点为50℃～65℃）。

结果判断：如果样品中掺有石蜡，液面上会出现细微的油珠，随着温度的降低和时间的延长，液体石蜡的油珠聚集加大，固体石蜡的油珠会结成白色片状物浮于液面上。

食品中石蜡的定量测定（气谱-质谱联用法）

方法原理：利用硫磺与石蜡在燃烧时的特征反应，能定性地分析食品中石蜡的存在。该方法利用GC/MS分析方法快速定量检测食品中石蜡。

安全标准

我国《食品添加剂使用标准》（GB 2760—2011）规定：初级农产品不能上色，即使是食用色素也不能用在水果上。另外一些高档水果是可以人工加上食用蜡的，这种"人工果蜡"多从螃蟹、贝壳等甲壳类动物中提取而来，对身体并无害处，但不允许将工业石蜡用于食品中。

57 乙烯利催熟的 香蕉

乙烯剂

📋 事件盘点

⏰ 2011年4月23日，广东省某知名电视栏目曝光了一些食品非法添加案例，令不少蕉农错愕的是，香蕉添加乙烯利也被称为非法添加。该节目称，有一种农药催熟剂叫乙烯利，被用在香蕉催熟上，这种物质会导致儿童性早熟。该节目一经播出，造成高州、化州、徐闻等广东主产区香蕉价格从每斤3元跌至每斤1元左右。究竟这些植物激素对人体有没有危害呢？记者采访了相关专业人士表示，乙烯利早在100多年前就已经在香蕉催熟过程中使用了，关于乙烯利是否有害也已经讨论过很多次，没有任何证据表明，乙烯利和儿童早熟有任何关系。乙烯利用于催熟是为了诱导水果释放乙烯，而乙烯在香蕉、芒果、番木瓜等水果成熟的时候也会自然放出，使用乙烯利催熟香蕉不会对人体健康产生危害，不存在任何食品安全问题。不过，使用乙烯利要控制好用量和浓度。

🔍 揭秘不安全因素

香蕉属于后熟的果实，乙烯利催熟技术是科学安全的。一般情况下，香蕉采收后必须经过催熟环节，各种营养物质才能充分转化，这是香蕉本身的生物学特性决定的。乙烯利催熟是香蕉上市前必不可少的生产环节，是多年来全世界香蕉生产广泛使用的技术，使用乙烯利只是利用其溶水后散发的乙烯气体催熟，并诱导香蕉本身的内源乙烯，使香蕉自身快速产生乙烯气体，加速自熟。乙烯利催熟技术是科学和安全的，使用乙烯利催熟香蕉不会对人体健康产生危害，不存在任何食品安全问题。

不过，乙烯利毕竟是一种化学药品，在当前市场上确实存在乙烯利滥用及随意提高使用浓度的现象，生产者和流通商使用时必须控制好浓度，避免残留超标。实验结果表明：市场上通用的稀释400倍的40%乙烯利，催熟效果是最好的，四天时间就能将香蕉催熟，而且催熟后的香蕉保鲜期更长。

乙烯利：有机化合物，纯品为白色针状结晶，工业品为淡棕色液体。乙烯利水剂是一种低毒激素类催熟农药，是优质高效植物生长调节剂，具有促进果实成熟，刺激伤流，调节性别转化等效应。使用应控制在一定剂量内，过量使用会导致农作物上的残留量过高，有致癌、诱发孩子早熟的可能。

🖋 掺伪检验

■ 感官鉴别

看表皮：催熟的香蕉表皮一般不会有香蕉熟透的标志"梅花点"，有"梅花点"的香蕉相对安全。此外自然熟的香蕉熟得均匀，不光是表皮变黄，而且中间是软的，而催熟香蕉中间则是硬的。

闻味道：用化学药品催熟的香蕉闻起来有化学药品的味道。

■ 理化检验

乙烯利的检测——气相色谱法

方法原理：用甲醇提取样品中的乙烯利，经重氮甲烷衍生成二甲基乙烯利，用带火焰光度检测器（磷滤光片）的气相色谱仪测定，外标法定量。

安全标准

根据《食品安全国家标准》（GB 2763—2012）规定，由于乙烯利作为一种催熟剂，在水稻、西红柿、香蕉等食品中被广泛使用，该物质有一定毒性，因此，我国仅对乙烯利残留量作了规定：乙烯利在西红柿、热带及亚热带水果（皮不可食）中的最大残留量为2mg/kg。

■ 延伸阅读

香蕉的储存方法

香蕉在冰箱中存放容易变黑，应该把香蕉放进塑料袋里，再放一个苹果，然后尽量排除袋子里的空气，扎紧袋口，再放在家里不靠近暖气的地方，这样香蕉至少可以保存一个星期左右。

香蕉在储存和运输的过程中，香蕉表皮的细胞被破坏，里面的氧化酶素被空气中的氧气氧化，生成了一种黑色的物质，香蕉皮就变黑了。这是香蕉变成熟的一个过程，果肉甜度变高，并不影响本身营养。

58 添加剂催熟的 大红枣

枣子

催熟剂

📠 事件盘点

⏰ 2012年8月22日,华声在线-《三湘都市报》报道,湘潭市公安和质监部门根据群众举报查处了一个用甜蜜素催熟大枣的窝点,近2万斤青枣,经过加热、浸泡等"美容"工序后,摇身一变成了通红的大红枣,然后流入市场。

⏰ 2011年9月3日,据《新京报》报道,近日,有市民举报称,市场上正在出售的枣品很多并非自然成熟,而是用添加剂催熟的。对此,记者调查了解到,新发地水果批发市场多位摊主承认,他们卖的枣大多用糖精等泡过,并催红表皮。丰台工商分局新发地工商所工作人员表示,向红枣中添加糖精钠属违法行为。

🔍 揭秘不安全因素

红枣营养丰富,含有蛋白质、脂肪、醣类、有机酸、维生素A、维生素C、微量钙多种营养素。有些不法商贩用"热水+糖精钠或甜蜜素"的方式来催熟青枣,即用热水烫枣子,再用糖精等食品添加剂浸泡,由此将未成熟的青枣催熟上市,为提前上市卖个高价钱,却危害了消费者的健康。

糖精钠:糖精钠的生产原材料为钾、苯、氯磺酸,若加工不精细,还含有重金属物质。长期食用过量糖精钠,影响肠胃消化酶的正常分泌,降低小肠的吸收能力,降低人的食欲,甚至引起血小板减少。短时间内食用大量糖精钠,易造成急性大出血,严重者还会损害肝脏、肾脏,并导致癌症。

甜蜜素:又叫环己基氨基磺酸钠,是白色针状、片状结晶,无臭,味甜,是一种常用甜味剂,其甜度是蔗糖的30~40倍,因而作为国际通用的食品添加剂。如果经常食用甜蜜素含量超标的食品,就会因摄入过量对人体的肝脏和神经系统造成危害,特别是对代谢排毒的能力较弱的老人、孕妇、小孩危害更明显。

掺伪检验

感官鉴别

看颜色：总体而言，一堆糖精枣中，会发现个个都很红，而自然成熟的枣不可能同时变红，其中会夹杂黄色、浅白色及青色的枣。而就单个枣而言，糖精枣遍体暗红，色泽并不光亮；而天然枣色泽鲜亮，红得不均匀。

尝味道：糖精枣吃起来非常甜，过量的糖精甚至可能导致口感发苦。此外，舔一下糖精枣的表皮就可尝到甜味，但枣肉不一定很甜，而且枣肉发青。自然熟透的枣皮肉则甜度一致。

理化检验

甜味剂——糖精钠的测定（紫外分光光度法）

方法原理：样品经处理后，在酸性条件下用乙醚提取食品中的糖精钠，经薄层分离后，溶于碳酸氢钠溶液中，于波长270nm处测定吸光度，与标准液比较定量。

甜蜜素——环己基氨基磺酸钠的测定（气相色谱法）

方法原理：在硫酸介质中甜蜜素（环己基氨基磺酸钠）与亚硝酸反应，生成环己醇亚硝酸酯，利用气相色谱法进行定性和定量。

安全标准

我国《食品添加剂使用卫生标准》（GB 2760—2011）规定：甜蜜素可用于清凉饮料、果汁、冰激凌、糕点食品及蜜饯等中，并对其使用范围做出规定，每日最大摄入量不应超过11mg/kg。不允许在鲜果中添加甜蜜素和糖精钠。

延伸阅读

怎样区分枣的品种

制干品种：即晒成红枣的品种，其特点是果肉厚，含水量低，含糖量高，制干率也高，适于晒干或烘干，制成红枣或乌枣。如相枣、金丝小枣、赞黄大枣等品种。

生食品种：一般称为脆枣，其特点是果皮薄，肉质脆嫩、多汁，含糖量高，味甜或稍酸，制干率低，适于生食。如冬枣、梨枣、绵枣等品种。

加工品种：一般指的是适于制蜜枣或枣脯的品种，其特点是果形大而整齐，少汁，含糖量低，肉厚，肉质疏松，皮薄，核小。如大泡枣、糖枣等品种。另外，还有制干、生食兼用品种。

59 农药残留量超标的 毒韭菜

事件盘点

⏰ 2011年11月8日，在临沂市市中医医院急救室里，两名食用韭菜中毒的孩子在接受观察治疗。当日，家住市区的王女士一家6口吃完韭菜鸡蛋摊煎饼后，纷纷出现头晕、呕吐症状，后被送到医院并查出有机磷农药（敌敌畏）中毒，一家老小6口住进了医院。

⏰ 2011年3月25日，河南南阳10人吃韭菜中毒呕吐不止。当晚，南阳市农业局接到报告称有市民因食用韭菜中毒后，市农产品质量检测中心立即对韭菜进行了拉网式排查。调查结果显示为农户使用了违禁的农药，造成超标现象。

⏰ 据江苏网络电视台消息，2012年5月30日凌晨1点，镇江市场管理人员对进场蔬菜进行农药残留检测，发现一批次韭菜"草甘膦"农药残留量超标30%～40%。当地市农委与润州区工商局执法人员在确认信息后，现场对该150kg"毒韭菜"实施销毁。

揭秘不安全因素

韭菜是最不安全的蔬菜之一，因为韭菜虫害常常生长在菜体内，表面喷洒杀虫剂难以起作用，所以部分菜农用大量剧毒农药甲拌磷、敌敌畏、草甘膦灌根，而韭菜具有的内吸毒特征使得毒物遍布整个株体。另外，部分农药和韭菜中含有的硫集合，毒性更强，人一旦食用便会出现头痛、无力、恶心等症状，甚至会出现呼吸困难、昏迷等严重症状。长期食用这种有毒的韭菜，易使体内的毒素积累，从而诱发疾病。

甲拌磷：又称3911，属于高毒农药，为透明、有轻微臭味的油状液体，药性长，残留久，价钱低廉，可有效杀死多种地下虫。它是一种国家明令禁止在蔬菜中使用的剧毒有机磷农药。

敌敌畏：一种有机磷杀虫剂，工业产品均为无色至浅棕色液体，易水解，遇碱分解更快。敌敌畏为广谱性杀虫、杀螨剂，具有触杀、胃毒和熏蒸作用，触杀作用比敌百虫效果好，对害虫击倒力强而快，毒性更强。80%的敌敌畏可经口服、皮肤吸收或呼吸道吸入。口服中毒者潜伏期短，发病快，病情危重，常见有昏迷现象，数十分钟内死亡。口服者消化道刺激症状明显。

草甘膦：又称镇草宁、农达、草干膦、膦甘酸。纯品为非挥发性白色固体，是一种非选择性、无残留灭生性除草剂，对多年生根杂草非常有效，广泛用于橡胶、桑、茶、果园及甘蔗地。草甘膦属低毒除草剂，对于人类误服的情况，草甘膦一般在口服后15min内便可能产生呕吐及喉部疼痛现象，另外接着可能产生腹痛及腹泻症状。

掺伪检验

感官鉴别

看颜色：别挑看起来特别油绿的。

看个头：别选特别粗壮的。

看叶子：别要特别厚实的。

嗅根部：仔细闻一闻根部有没有农药味。

理化检验：

蔬菜中农药残留量的快速检测

适用范围：用于蔬菜、水果、相应食物、水及中毒残留物种有机磷类和氨基甲酸酯类农药的快速检测。

检测原理：胆碱酯酶可催化靛酚乙酸酯（红色）水解为乙酸与靛蓝（蓝色），有机磷或氨基甲酸酯类农药对胆碱酯酶有抑制作用，使催化、水解、变色的过程发生改变，由此可判断出样品中是否有高剂量有机磷或氨基甲酸酯类农药的存在。

安全标准

根据我国《农产品安全质量　无公害蔬菜安全要求》（GB 18406.1—2001）规定，蔬菜上不得检出甲拌磷。

国家农业部第199号公告明确规定：在蔬菜、果树、茶叶、中草药材上不得使用甲拌磷和特丁硫磷等农药。

60 化工原料"美白"的 毒竹笋

📠 事件盘点

⏰ 2012年11月2日《重庆晚报》报道，华西传媒呼叫中心96111接到群众举报，反映崇州市怀远镇有一处加工"问题竹笋"的窝点，直接用化学药品浸泡竹笋。记者暗访该加工点发现，这家作坊不但无证无照，而且在水中加入焦亚硫酸钠、柠檬酸等防腐剂浸泡新鲜竹笋，以延长竹笋的保鲜期。

⏰ 2011年4月，重庆涪陵区工商部门查获一起用非法添加硫磺和焦亚硫酸钠的方式，为鲜竹笋进行保鲜的案件。涉案鲜竹笋重6t多，经相关部门检测，查获的鲜竹笋中，焦亚硫酸钠的含量分别为每公斤9.35g、每公斤7.5g和每公斤7.24g，焦亚硫酸钠含量超标144.8～187倍。2011年6月，涉案老板被涪陵区检察院以涉嫌生产销售有毒有害食品罪，依法批准逮捕。

⏰ 2010年4月湖北市民向《中国质量万里行》反映，该市一个市场内有数十家商户加工竹笋，车间有刺鼻味道。随后记者赶赴湖北调查，发现这些商户在加工竹笋的过程中使用了硫磺、焦亚硫酸钠来增白和保鲜。

🔍 揭秘不安全因素

竹笋的种类繁多，分为冬笋、春笋、鞭笋三类。竹笋味道鲜美，又是粗纤维食品，很多人都爱吃，但它不耐储藏和长途运输，几天内就会变质，不法商贩为使竹笋保存持久，将竹笋煮熟后，将硫磺和工业盐混合的粉末点燃，对竹笋进行熏蒸；或使用双氧水、焦亚硫酸钠来浸泡。为了让竹笋外形更好看，还会向竹笋中添加颜料。虽然硫磺和焦亚硫酸钠都是国家允许的食品添加剂，对添加的剂量及添加对象有严格要求，但是一些不法商贩为降低成本使用工业硫磺和工业焦亚硫酸钠，并且为了使美白效果更好，保存时间更长，能卖个好价钱，一般都过量添加，对人体危害极大。

硫磺：是一种化工原料，燃烧能起漂白、保鲜作用，使物品颜色显得白亮、鲜艳。硫磺熏制过程中残留的硫遇高温会生成亚硫酸盐，亚硫酸盐可是杀伤力巨大的致癌物质。硫磺里面的铅、砷、硫会对人的肝脏或肾脏造成严重的破坏。

工业盐：指工业用氯化钠，多含有亚硝酸钠、砷、铅等有毒有害杂质。一般工业盐常用于清洗水垢和印刷布纹，具有极强的腐蚀性。

双氧水：即过氧化氢，是一种强氧化剂，无色略带气味，能完全和水混合。添加入食品中可起漂白、防腐和除臭作用，可改善食品外观。过氧化氢与食品中的淀粉形成环氧化物可致癌，特别是消化道癌。短期过度吸入、食入或暴露，可严重灼伤眼睛、皮肤、呼吸道等，出现胃胀甚至破裂、呕吐、内脏出现空洞、角膜溃疡等症状。

焦亚硫酸钠：用作消毒剂、抗氧化剂及防腐剂，其中含有30%的二氧化硫，合理使用是一种合法的食品添加剂，广泛应用于罐头、饼干的保质。焦亚硫酸钠过量使用，会导致食品中二氧化硫严重超标，影响人体对钙的吸收，严重时会损伤肝、肾脏，引起急性中毒；另外，焦亚硫酸钠还是一种致癌物质。

ⓒ 掺伪检验

■ 感官鉴别

观色泽：若笋呈淡黄色或白色，看起来好像很嫩，多为加入了化工原料漂白过。

闻气味：化工原料熏过的笋有刺鼻的酸味，或有一股硫磺气味。

试手感：表面看显得很干燥，但拿在手上却沉甸甸的，多为硫磺熏干笋。被硫磺熏过的竹笋，其笋壳张开翘起，如果是新鲜的冬笋，它的壳包得很紧。

安全标准

根据我国《食品添加剂使用标准》（GB 2760—2011）规定：焦亚硫酸钠用于蔬菜罐头（仅限竹笋、酸菜）最大用量0.05g/kg(以二氧化硫残留计)，在干制蔬菜中的最大使用量仅为0.2g/kg。未标明可用于鲜竹笋。而硫磺可用于熏制干制蔬菜，最大用量0.2g/kg，只能熏蒸不能用于浸泡漂白。

61 顶花不谢的 激素黄瓜

事件盘点

⏰ 2013年6月5日，市人大常委会食品安全法执法检查热线"23118777"接到市民举报称，买到的黄瓜数日仍"顶花不谢"。记者实地探访田间种植黄瓜的菜农，发现菜农种植的黄瓜普遍使用激素。农科专家表示，出现"顶花不谢"很可能是激素过量，不过，由于缺少国家标准，植物激素到底对人体有无伤害，难有定论。

⏰ 2013年1月17日，金黔在线－《贵州都市报》报道：近日，有国内媒体报道，市民将一根黄瓜咬了几口后放进冰箱，没想到几天后，被咬过的黄瓜竟然长了一节，疑似用了农药促生长的药物。连日来，记者为此走访了本地菜市场，从一位业内人士那里了解到，这估计是过量使用了植物生长激素的结果。贵阳市农委专家介绍，"神奇的黄瓜"疑似用了920农药促生长的药物。920是植物生长调节剂的一种，是人工合成的"植物激素"，估计是生产方过量使用了植物激素，在方法和浓度上违反规定使用，也有可能是使用了质量不合格的植物生长调节剂所致。

揭秘不安全因素

很多人喜欢吃黄瓜，黄瓜不但脆嫩清香，味道鲜美，而且含有丰富的维生素。正常情况下黄瓜从开花到最后上市，需要50多天的时间，如今有的菜农用催熟来提高产量，在生产中使用了植物生长激素。在这种物质的帮助下，黄瓜的成长期就会大大缩短，如今同样大小的黄瓜只需要7天就可以成熟。使用药物的瓜体又直又长，顶花带刺非常漂亮，甚至采摘下来之后还能继续生长。大多数人买黄瓜就爱挑色泽光鲜带着小花的，觉得这样的才新鲜。

植物生长激素：按照国家的相关规定，植物生长调节剂在农业生产上是允许使用的。菜农使用激素，一般是出于对黄瓜保鲜的目的，也能在一定程度上加快黄瓜生长、拉长瓜体。但需要注意的是植物生长调节剂的使用剂量。如果超过规定使用剂量，长期食用就会对人体造成伤害。

920农药：是赤霉素，是一种高效能的生长刺激剂，通用名称为gibberellins。已知的赤霉素有57种，为在化学结构上彼此非常近似的一类化合物。最常见的是赤霉酸（简称GA）。赤霉素对人畜无毒，见碱分解。常用浓度850ppm/mg。误食没关系，若不放心可喝些小苏打水。

掺伪检验

感官鉴别

看外观：自然成熟的黄瓜，由于光照充足，所以瓜皮花色深亮，顶着的花已经枯萎，瓜身上的刺粗而短；催熟的黄瓜瓜皮颜色鲜嫩、条纹浅淡，顶花鲜艳，刺细长，使用药物太多的黄瓜，瓜顶甚至会长出一个黄豆大的小瘤。

闻气味：自然成熟的黄瓜，大多在表皮上能闻到一种清香味，催熟的黄瓜几乎没有清香味，使用药物多的甚至可能会闻出一股发酵的气味。

掂重量：同一品种大小相同的黄瓜，催熟的同自然成熟的相比，水分含量大，要重很多，用手掂一下很容易识别。

安全标准

国外农业从业人员也会使用植物激素，但政府部门对使用的时间、剂量规定得十分清晰、严格。

按照我国的相关规定，植物生长调节剂在农业生产上也是允许使用的。不过，目前国家与行业标准对植物激素使用的种类、浓度、时间等都没有明确的指标规定。

延伸阅读

一直以来农产品检测停留在农药检测方面，主要针对甲胺磷、呋喃丹、三氯杀螨醇、敌百虫等化学农药，田头检测和市场检测也多为快速定性检测，这些农药都会在短时间内对人体造成危害，其中并不包括植物激素。目前没有试验证明，植物激素对人体有害，但不能说植物激素一定是无害的。

安全食用黄瓜最有效的方法是，用1%的碱水清洗，这样就可以清除瓜体上的药物残留，一般来说，将黄瓜去皮是最好的"防药"方法，但营养成分就会大量流失。

62 柠檬酸泡出的 白嫩莲藕

柠檬酸泡 藕

事件盘点

2011年11月22日浙江在线新闻网站报道，杭州的蒋女士从市场上买到的莲藕特别白，而且有一股很浓的化学药品味道，她怀疑是用药水泡过的。随后，记者调查核实，摊主承认使用了"柠檬酸"。

2011年8月24日《羊城晚报》报道，有读者致电《羊城晚报》，透露广州石牌市场有人出售漂白莲藕。该报记者前往报料人所说的石牌市场一探究竟，买了一根表皮湿润、粉嫩白皙、削掉头尾的莲藕。第二日发现莲藕在切口处和表面出现了多处溃烂，褐色表皮布满整个藕身，记者向专业人士了解，这些表面光鲜的莲藕可能是被漂白处理过的。

揭秘不安全因素

由于莲藕极易变色，且莲藕多从外地运来，长途运输加上天气炎热，莲藕的"卖相"很难看。于是有人想出了给莲藕"美容"，提高卖相，增大利润，即用柠檬酸、二氧化硫、稀亚硫酸、稀盐酸等漂白，使表皮黑黄的天然莲藕通体洁白、鲜嫩。柠檬酸具有助洗作用，莲藕上面的污垢用柠檬酸清洗可以起到一定的去污效果。大部分商贩为了图便宜，都会使用工业柠檬酸。工业级柠檬酸，其含有的强酸性，会对人的消化系统产生腐蚀和刺激作用，对人体健康有很大危害，绝对不能用于食品。即使商贩用来清洗莲藕的柠檬酸是食品级的，长期食用也有可能导致低钙血症，并且会增加患十二指肠癌的概率。

柠檬酸：是一种重要的有机酸，无臭，有很强的酸味，易溶于水，分为工业级和食用级。食用级柠檬酸，可增强体内正常代谢，适当剂量对人体无害。在我国，允许果酱、饮料、罐头和糖果中使用柠檬酸。不过长期食用含柠檬酸的食品，有可能导致低钙血症，并且会增加患十二指肠癌的概率。工业柠檬酸含有强酸性，会对人的消化系统产生腐蚀和刺激作用，对人体健康有很大危害，因而绝对不能用于食品。

亚硫酸盐：是一类很早即在世界范围内广泛使用的食品添加剂，可作为食品漂白剂、防腐剂，防止食品褐变，使水果不至黑变，还能防止鲜虾生成黑斑，延长保存时间。长期摄入亚硫酸盐等添加剂可能会影响身体健康，轻则恶心、腹痛、胃部不适，重则损肝伤肾。

二氧化硫：是一种食品添加剂，具有漂白、防腐等功能。食品中添加二氧化硫有严格的使用范围和使用量，仅用于干货、糖果等食品中，被禁止用来"漂白"生鲜食品。超量或长期使用，可破坏人体维生素，易发骨髓萎缩、肺气肿和哮喘等疾病，严重的还会引起神经类疾病甚至致癌。

✑ 掺伪检验 ▌

■ 感官鉴别

看外观：买藕时要挑选藕身肥大、无伤、不变色、无锈斑、不断节的，不要选择看上去过分嫩白的藕块。

闻气味：正常藕块有清新的香气，"漂白藕"细闻会有化学试剂的味道。

摸表皮：正常藕块表面多附有泥沙，且具粗糙感，而"漂白藕"表面则较为光滑、湿润。此外，尽量买两头封死的藕。

■ 理化检验

柠檬酸含量的检验——气相色谱法

方法原理：样品中的柠檬酸用水提取后作甲基化处理，进气相色谱，通过氢火焰离子化检测器测得峰值，与标准样品峰值比较定量。

安全标准

根据我国《食品添加剂使用标准》（GB 2760—2011）规定：允许果酱、饮料、罐头和糖果中限量使用食用级柠檬酸，而工业级柠檬酸不允许在食品中使用。

■ 延伸阅读

不同人群如何吃莲藕？

莲藕尤其适用于老幼妇孺、体弱多病者，特别适宜高热病人、高血压、食欲不振、缺铁性贫血者食用。鲜藕生性偏凉，生吃凉拌较难消化，故脾虚胃寒者、易腹泻者，宜食用熟藕。由于藕性偏凉，故产妇不宜过早食用。

63 漂白美容的 问题蘑菇

📋 事件盘点

⏰ 2012年6月6日红网讯，在宁德市古田县的一个黑窝点里被工商执法人员查获35t用工业柠檬酸泡制的可致癌的金针菇。业内人士介绍，商贩们先要将含有一定比例盐水及柠檬酸的预煮液煮沸，然后将菇过水冷却。之后一层菇一层盐，放至缸（池）满，随后注入冷却的饱和食盐水和防腐护色液淹没菇体，而防腐护色液的配制则有一半原料为工业柠檬酸。当地工商部门表示，添加柠檬酸可延长保质期，盐渍对柠檬酸的含量是有要求的，含量符合标准的，对人体没有危害；如果使用过量，不仅金针菇的质量会大打折扣，甚至不能食用。药剂学专家称，长期过量食用含有柠檬酸的食品，会导致体内钙质流失，导致低钙血症。

🔍 揭秘不安全因素

蘑菇含有丰富的蛋白质，味道鲜美，素有"植物肉"的美誉，深受广大消费者青睐，然而部分商贩为了获利增重出售"注水蘑菇"，将蘑菇先用水一泡，然后拿到市场上出售，一般浸泡后的蘑菇可以增重30%左右，口感较差。另外，商贩为了卖相好，还会将低价收购的劣质或腐烂的蘑菇"美容"，用焦亚硫酸钠、亚硫酸钠、荧光粉增白剂等泡制，使蘑菇看起来色泽鲜嫩诱人。还有的商贩为了延长保质期，过量添加柠檬酸，而且使用工业柠檬酸来节约成本，人体食用后危害很大。

亚硫酸钠和焦亚硫酸钠：可以作为食品添加剂中的漂白剂使用，但因对人体健康有害，其用量必须严格控制，同时在使用方面也有一定的技术要求。

荧光粉增白剂：是工业常用的化学染料，它的成分有铅和其他重金属。添加在食品上或用在制作食品用具上，对人体危害很大，因此，严禁在食品中使用。

食品级柠檬酸：普遍用于各种饮料、葡萄酒、糖果、点心、饼干、罐头果汁、乳制品等食品的制造上，柠檬酸的酯类如柠檬酸三乙酯可作无毒增塑剂，制造食品包装用塑料薄膜，是饮料和食品行业的酸味剂、防腐剂。

工业级柠檬酸：在化学技术上可作化学分析用试剂。服装的甲醛污染已是很敏感的问题，柠檬酸和改性柠檬酸可制成一种无甲醛防皱整理剂，用于纯棉织物的防皱整理，不仅防皱效果好，而且成本低。但其不能用于食品中。

掺伪检验

感官鉴别

注水蘑菇：新鲜蘑菇的菇片大小均匀且菇片非常多，未注水的蘑菇用手摸上去菇片干黏，挤不出水。

美容蘑菇：识别"美容蘑菇"并不难，"美容蘑菇"看上去雪白透亮，而正常蘑菇的外表颜色不是很白；"美容蘑菇"用手摸上去感到比较光滑，没有用漂白粉美容过的蘑菇，用手摸上去感到黏乎乎的。如果在蔬菜市场上遇到看起来洁白、手感光滑的双孢蘑菇，100%是用荧光粉漂白过的，千万不要食用。一般的正常双孢蘑菇，表面比较粗糙，颜色较暗。

安全标准

根据我国《食品添加剂使用标准》（GB 2760—2011）规定：水果和蔬菜常因品种、产地、成熟度和收获期的不同，含酸量有差异，致使加工制品的酸度变化，常加入不同量的柠檬酸来调整，使产品质量保持稳定，在鲜蘑菇中约加0.05%~0.07%。

延伸阅读

食用蘑菇好处多

1. 美味：蘑菇有除了酸甜苦辣咸以外的第六种味道——鲜，当它们与别的食品一起烹饪时，风味极佳，是很好的"鲜味补给"。

2. 热量低：蘑菇里的营养有助心脏健康，并能增强免疫力。

3. 维生素D丰富：蘑菇不同于其他的蔬菜和果品，其中的维生素D含量很是丰富，有益于骨骼健康。阳光中的紫外线是促进蘑菇产生维生素D的重要物质。

4. 抗氧化：蘑菇的抗氧化能力很强，可以有效地延缓衰老。

5. 维生素A宝库：蘑菇所含蛋白质高达30%以上，每100g鲜菇中的维生素C含量高达206.28mg，而且蘑菇中的胡萝卜素可转化为维生素A，因此蘑菇又有"维生素A宝库"之称。有的蘑菇中纤维素含量也超过一般蔬菜，能有效防止便秘。

64 农残超标的 毒豇豆

超标啦

📋 事件盘点

⏰ 2013年1月30日《广州日报》报道，29日，广州江南果菜批发市场向《广州日报》通报，该市场当天在27t海南豆角中抽检15个样品，发现3个来自海南三亚崖城的豆角样品农药残留量显示异常。市场随即封存3个样品涉及的2.7t海南豆角，并将15个样品送至广州市农产品质量安全监督所进行复检。

⏰ 2010年1月28日，武汉销售的海南豇豆被检测出含有禁用农药水胺硫磷。2月4日和5日，当地农检中心又检测出同样结果。经追查，这些含有禁用农药的豇豆来自海南省陵水黎族自治县英州镇和三亚市崖城镇。2月6日，武汉市农业局宣布3个月内禁止海南生产的豇豆进入当地市场。武汉禁售"海南毒豇豆"的新闻经媒体广泛报道，在全国引发连锁反应。合肥查出海南豇豆含禁用农药残留成分，重庆、上海等地对海南豇豆实行下柜。

🔍 揭秘不安全因素

由于普通农药不易杀死钻进豇豆里面的害虫，为保产量，农户便冒险违规喷洒水胺硫磷。水胺硫磷能经由食道、皮肤和呼吸道，引起人体中毒，被禁止用于果、茶、烟、菜、中草药植物上。所以，我们在水果、蔬菜买回后最好反复清洗，在清洗时加入一点洗洁精可以较好清除残留农药。时间充足的话，在烹饪蔬菜前最好将蔬菜在水中浸泡30min以上，然后用开水烫后再进行烹调。

水胺硫磷：为高毒杀虫剂，禁止用于果、茶、烟、菜、中草药植物上。水胺硫磷的有毒成分很难分解，在农作物的残留时间比较长，一旦用于瓜菜种植，将对食用者通过食道、皮肤和呼吸道引起中毒。

甲胺磷：是一种有机磷化合物，通常用作农药。甲胺磷由于毒性很强，在日本等部分国家已禁用，中国内地从2008年起亦公告停止生产及使用。

克百威：由于残留期长，毒性高，一般不能用于蔬菜等短期作物和即将收获的作物。克百威与胆碱酯酶结合不可逆，因此毒性甚高。

掺伪检验

感官鉴别

购买时可选择鲜亮、不蔫、略有虫眼的，这样的蔬菜采摘时间较短，使用农药较少。

理化检验

蔬菜中农药残留量的快速检测

适用范围：本方法适用于蔬菜、水果、相应食物、水及中毒残留物种有机磷类和氨基甲酸酯类农药的快速检测。

检测原理：胆碱酯酶可催化靛酚乙酸酯（红色）水解为乙酸与靛蓝（蓝色），有机磷或氨基甲酸酯类农药对胆碱酯酶有抑制作用，使催化、水解、变色的过程发生改变，由此可判断出样品中是否有高剂量有机磷或氨基甲酸酯类农药的存在。

水胺硫磷含量的测定原理：试样用乙酸乙酯溶解，以癸二酸二正丁酯为内标物，用氢火焰离子化检测器，在5%OV-3填充柱上进行气相色谱测定。

安全标准

中华人民共和国农业部第274号公告，甲胺磷、甲基对硫磷、对硫磷、久效磷和磷胺等5种高毒农药全面禁止使用。

延伸阅读

蔬菜清洗方法

加热法：用开水焯一下再洗的效果要好过洗洁精，适用于青椒、菜花、豆角等。放入沸水中2~5min捞出，然后用清水冲洗1~2遍。

碱水浸泡法：先将表面物污冲洗干净，碱水一般是500mL水中加入碱面5~10g，浸泡5~15min，然后用清水冲洗3~5遍。

去皮法：蔬菜瓜果表面农药相对较多，去皮是一种较好的去除残留农药的方法。可用于苹果、梨、猕猴桃、黄瓜、胡萝卜、冬瓜、南瓜、西葫芦、茄子、萝卜等。

储存法：农药随时间能够缓慢分解为对人体无害的物质。适用于苹果、猕猴桃、冬瓜等不易腐烂的种类。一般存放15天以上。

65 喷甲醛保鲜的 白菜

📋 事件盘点

⏰ 据2012年5月7日新华社电,山东省青州市一些地方被传出部分蔬菜商贩使用甲醛溶液喷洒白菜进行保鲜的现象。记者实地调查发现,这一做法在部分春白菜的长途运输中确实存在。一些菜商反映,喷甲醛给大白菜保鲜的方法已沿用三四年。业内人士建议,政府部门应尽快完善甲醛使用监管体系,严厉打击滥用保鲜剂行为。一些蔬菜经纪人和商贩称,由于冬季气温低,因此冬白菜不需要用甲醛溶液保鲜,只有春夏之交上市的春白菜才会使用。这一保鲜方式三四年前就已出现,青州以外的地方也在使用。

🔍 揭秘不安全因素

由于春夏之交气温较高,此时上市的白菜堆在一起很容易腐烂,很不利于长途运输。如果不喷(甲醛),白菜就会红根。喷过甲醛的白菜根部白净,菜贩喜欢收。目前蔬菜入批发市场之前都要按照国家规定的标准经过严格的检测,但只要求对蔬菜的农药残留进行检测,由于甲醛并不在检测的范围内,所以市场从没对蔬菜进行该项目的检测。

甲醛:作为一种化学物质,在人们的日常生活中发挥着越来越广泛的作用,渗透到人们衣食住行的各个方面。甲醛以往的可能危害,集中于居室装修或服装加工等过程的残留,其主要特征是低浓度而持续的呼吸道或皮肤接触,临床上带来的是一过性眼部黏膜及呼吸道刺激症状,或者是皮肤接触性皮炎。而以甲醛浸泡的蔬菜,将甲醛直接带入人体消化道,可能带来不同于呼吸道或皮肤接触的损害。

甲醛容易经过人的消化道吸收进入体内。临床观察证实,一定浓度、一定剂量的甲醛摄入,可能对人的消化道造成化学性灼伤。甲醛作为化学性、生物性极为活跃的物质,蔬菜在食用前的清洗、加温等过程有可能在一定程度上削减其直接腐蚀作用,但是消费者是一个广泛的群体,"甲醛白菜"对人体胃肠道黏膜绝不是一个福音，尤其对患有胃肠疾病的患者，喷洒或浸泡蔬菜后甲醛的摄入一定是雪上加霜。

掺伪检验

感官鉴别

看外观：优质的白菜色泽鲜爽，外表干爽无泥，外形整齐，大小均匀，包心紧实，用手握捏时手感坚实，根削平，无黄叶、枯老叶、烂叶，心部不腐烂，无机械伤，无病虫害。劣质的白菜包心不实，手握时菜内有空虚感，外形不整洁，有机械伤，根部有泥土或有黄叶、老叶、烂叶，有病虫害或菜心腐烂。

理化检验

甲醛含量的测定

方法原理：在中性条件下，将溶于水中的甲醛随水蒸馏出，在沸水浴中，馏出液中甲醛在乙酸-乙酸铵缓冲液介质中，与乙酰丙酮生成稳定的黄色化合物，冷却后在412nm处测其吸光度，外标法定量。

安全标准

甲醛溶液最初是在水产品中发现的，现在春白菜、蘑菇等蔬菜中也出现类似现象。根据国家有关强制性的技术规范规定，甲醛本身不是食品原料和食品添加剂，不仅不能用于食品中，也应明确不能用于初级农产品中。

延伸阅读

怎么吃才安全？

市民买到白菜后，最好扒掉外面的一层，再用清水洗几遍。时间允许的情况下最好泡一泡，基本上可以洗掉甲醛溶液。

切白菜时，宜顺丝切，这样白菜易熟。烹调时不宜用煮焯、浸烫后挤汁等方法，以避免营养成分的大量损失。

白菜在腐烂的过程中会产生毒素，所产生的亚硝酸盐能使血液中的血红蛋白丧失携氧能力，使人体发生严重缺氧，甚至有生命危险，所以不要吃已腐烂的白菜。

白菜在沸水中焯烫的时间不可过长，最佳的时间为20~30s，否则烫得太软、太烂，就不好吃了。

66 漂洗熏蒸的 "翻新土豆"

📋 事件盘点

⏰ 2013年5月9日《达州日报》报道，达城市民曾先生向本报反映，达城许多农贸市场卖的那些外表光鲜、表面几乎没有泥土的土豆都是通过化工原料漂洗干净的"漂白土豆"，长期食用对身体有害。曾先生告诉记者，几年前他刚入行菜市时，有个经验丰富的商贩给曾先生支了一招，让他将发黄的陈土豆用硫磺泡，这一泡发黄的土豆就变白了，成了外表鲜亮的"翻新土豆"。一些商贩为了赚钱，以低廉的价格收购陈土豆，然后将陈土豆表皮去掉，再用硫磺熏蒸，处理后的土豆既不会长芽，而且颜色更鲜亮。

⏰ 2012年5月2日，据中国之声《新闻晚高峰》报道，眼下还不到新土豆上市时间，但在山东部分农贸市场却有大量外表光鲜的新土豆上市。记者调查发现，外表光鲜的土豆竟然是"翻新货"。满身是土的黑土豆放进专门的清洗机器里面，经过水洗、浸泡、机器抛光，一番程序下来，老土豆就旧貌换新颜。记者将从市场上购买的所谓新土豆带到了山东轻工业学院百姓实验室里检验。拿到样品后，经过专家实验验证，是经过焦亚硫酸钠浸泡的陈土豆。

📷 揭秘不安全因素

新鲜土豆中一般含有微量的龙葵碱，对人体无害，但土豆在长期储存过程中，龙葵碱含量会增加，当土豆变成黑绿色或发芽时，其龙葵素含量大增，食用后可损害细胞膜，可引起溶血，并可麻痹神经中枢，让人感觉到口舌发麻、恶心、腹泻、神志不清等，严重的可以致死。一些不良商贩，以低廉的价格收购陈土豆，然后除皮，再用硫磺熏蒸或焦亚硫酸钠浸泡，处理后的土豆既不会长芽，而且颜色更鲜亮。但老土豆经过简单处理后只是将表面的芽去掉，而一些发绿块茎内可能还残留有龙葵碱，如果不注意可能会发生生物碱中毒的情况。

硫磺：是一种化工原料，硫磺燃烧能起漂白、保鲜作用，使物品颜色显得白亮、鲜艳。硫磺燃烧后能产生有毒的二氧化硫，会毒害神经系统，损害心脏、肾脏功能。我国规定仅限于干果、干菜、粉丝、蜜饯、食糖的熏蒸。

焦亚硫酸钠：属于漂白剂、防腐剂。焦亚硫酸钠是一种致癌物质，可以形成亚硫酸，是较强的还原剂，在被氧化时可将着色物质还原褪色，使食品保持鲜艳色泽，还可抑制食品中的氧化酶，防止食品变质；由于其还原作用，可阻断微生物的正常生理氧化过程，抑制微生物繁殖，从而起到防腐作用。但其对人体的各种系统、器官、组织都会产生不利的影响，其残留产物二氧化硫在湿润的黏膜上生成具有腐蚀性的亚硫酸、硫酸和硫酸盐，使刺激作用增强，损害支气管和肺部，进而诱发各种呼吸道炎症。

掺伪检验

感官鉴别

搓表皮：用手指轻搓土豆的表皮，新土豆的表皮只要轻轻搓一下就会掉，而"翻新"的土豆表皮不容易剥掉。新土豆表面有麻点，并且均匀，"翻新"土豆麻点少。

看水分：新土豆含水量比较大，手指甲按进去的部分有明显的汁液渗出，肉质也很坚硬，而"翻新"土豆不仅水分不多，而且肉质也有胶皮感的弹性。

理化检验

二氧化硫的测定方法：盐酸副玫瑰苯胺比色法

方法原理： 亚硫酸盐或二氧化硫，与四氯汞钠反应生成稳定的络合物，再与甲醛及盐酸副玫瑰苯胺作用生成紫红色物质，其色泽深浅与亚硫酸含量成正比，可比色测定。

操作方法： 将样品及二氧化硫标准管中加入四氯汞钠吸收液至10mL，然后再加入1mL氨基磺酸胺溶液（12g/L）、1mL甲醛溶液（2g/L）及1mL盐酸副玫瑰苯胺溶液，摇匀，放置20min，用分光光度计于波长550nm处测定吸光度，绘制标准曲线比较定量。

安全标准

我国《食品中添加剂使用标准》（GB 2760—2011）规定：硫磺作为食品添加剂，只允许在蜜饯、果干、干制蔬菜及粉丝等食品中限量使用，同时对所使用的硫磺有一定的质量卫生要求。国家规定不允许将硫磺及焦亚硫酸钠用于新鲜蔬菜上。

第六章　豆类及豆类制品

67 硫酸亚铁浸泡的臭豆腐

事件盘点

2012年4月24日《法制日报》报道，近日，记者接到反映进行调查发现，在湖南长沙有着上百年悠久文化历史的招牌小吃臭豆腐，存在颇多问题。一些摊贩甚至知名品牌店用来做臭豆腐的原材料豆腐，竟然是在卫生条件很差的黑作坊里加工生产出来的；泡制臭豆腐的卤水五花八门，普遍存在添加青矾（硫酸亚铁）的情况。在作坊的配料间，执法人员找到了一袋标注着"硫酸亚铁"字样的蛇皮袋，袋内的"硫酸亚铁"已经被用去大半。

2012年6月记者卧底暗访发现，位于长沙大托桂井村潘家台组的金福记豆腐店为"国标臭豆腐"用硫酸亚铁浸泡臭豆腐原坯，该店老板称"这样做（臭豆腐）上色比较容易"。其生产的臭豆腐毛坯被送到开福区活源桥巷的一作坊进行加工上色，这个作坊也没有生产许可证，涉嫌在卤水中加罂粟壳。这个作坊生产出的臭豆腐，被送到"国标臭豆腐"中山亭门店售卖。6月4日，湖南省质量技术监督稽查总队执法人员对"国标臭豆腐"进行突击检查，发现其制作过程涉嫌使用豆制品违禁添加剂"硫酸亚铁"和非食品添加剂"罂粟壳"。执法人员检查"国标臭豆腐"中山亭门店时，其已关门歇业，老板也不见踪影。

揭秘不安全因素

臭豆腐的传统做法比较费时费力。一般都是在水缸中加入豆豉、香菇、冬笋等优质原材料，然后由其自然发酵、腐败，经过几个月时间后形成卤水，再将制作好的新鲜豆腐放入卤水中浸泡，白豆腐才能变身臭豆腐。由于传统方法制作周期长，成本高，于是一些不法商贩便采取投机取巧的方法，采用化工原料硫酸亚铁和硫化钠，加上发馊的卤水、粪水、臭鸡蛋调兑发酵成恶臭发黑的液体，这样能使普通香干、豆腐迅速变味上色。这样在两个小时内就可以熬成卤水，而自然发酵至少要等三四天。但食用这种臭豆腐后不仅伤害人体呼吸、消化系统内膜，严重的还会导致食用者肺积水、休克、致癌等。

罂粟：是罂粟科植物，是制取鸦片的主要原料。罂粟俗称大烟，其实就是干燥之后的罂粟果壳。长期摄入罂粟壳内的"有毒物质"会导致慢性中毒，对人体肝脏、心脏有一定的毒害。我国严格禁止非法销售、使用、贩卖罂粟。

硫化钠：无机化合物，又称臭碱、臭苏打、黄碱、硫化碱。纯硫化钠为无色结晶粉末。吸潮性强，易溶于水。可用于制硫代硫酸钠、硫氢化钠、多硫化钠等，也是生产硫化氢的原料。

硫酸亚铁：浅蓝绿色单斜晶体，溶于水、甘油，不溶于乙醇。对呼吸道有刺激性，吸入会引起咳嗽和气短。对眼睛、皮肤和黏膜有刺激性。误服会引起虚弱、腹痛、恶心、便血、肺及肝受损、休克、昏迷等，严重者可致死。

硫酸亚铁和硫化钠反应：二者发生化学反应后，会生成硫化铁、硫化亚铁等有毒的硫化物，吸入或食用后可引起腹痛、恶心、呕吐，甚至会导致肺积水、肝变异、休克等症状；作为化工原料，硫化钠、硫酸亚铁根本不能用于食品加工。

掺伪检验

感官鉴别

闻气味：传统工艺制作的臭豆腐干有不刺鼻的臭腐乳味，化学法生产的臭豆腐干有刺鼻的臭味。

看颜色：传统法制作的臭豆腐干颜色浅灰，化学加工的呈黑色。

洗一洗：传统法做成的臭豆腐干表面的灰色霉斑易洗脱；化学法制成的臭豆腐干表面的黑色物质附着较牢固，不易洗脱。

安全标准

《食品安全国家标准食品添加剂使用标准》（GB 2760—2011）规定，硫酸亚铁的使用范围是饮料（水处理）和啤酒的加工工艺，不包括豆制品。

国家对罂粟壳的管理使用有着明确规定，禁止非法销售、使用、贩卖罂粟。

68 掺假手段层出不穷的 黑心豆浆

📋 事件盘点

⏰ 据2011年8月24日新华网消息，新华社记者23日走访武汉发现，许多豆浆店的现磨豆浆是用"豆浆精"勾兑出来的。记者采访销售店的老板称，"豆浆精的销量一直很好，一天可以卖十几罐，大多都是卖给豆浆店、早点摊和餐馆。豆浆精是与豆子、水以及其他辅料一起充分搅拌后使用的"。老板介绍，"豆浆精"实际上就是一种类似于味精的添加剂，主要用来增加豆浆的香味和改善口感，因为单纯手工磨制的豆浆有很多渣滓，看相不好，喝起来也不够润滑。

⏰ 2008年10月9日《济南日报》报道，济南市民林女士来电反映："现在街头卖的豆浆味道就像糖水，豆味太淡了。现在的豆浆越来越稀，有的喝到最后还能看到杯底有未化开的糖粒。"记者走访发现，路边早点摊销售的豆浆杯上找不到生产日期、保质期和生产厂家等标识，而且甜水味比较重。

🔍 揭秘不安全因素

豆浆是将大豆用水泡后磨碎、过滤、煮沸而成。豆浆含有丰富的植物蛋白和磷脂，还含有维生素B_1、B_2和烟酸、铁、钙等矿物质，尤其是其所含的钙，虽不及豆腐，但比其他任何乳类都高，非常适合于各种人群。目前市面上出售的豆浆有以下几种常见的掺假方式，其中包含了一些不安全因素。

消泡剂豆浆：工业消泡剂广泛用于涂料、油漆、造纸、石油等行业，由于其纯度不高，并含有砷、铅等重金属，对人体健康危害极大。小工厂在生产过程中，为使豆浆味道更鲜美，大量添加工业用的消泡剂，剂量达规定用量的10倍以上。

掺生粉豆浆：生粉（太白粉）又称豆粉，是用蚕豆制成，主要用于肉类原料加工时上浆、勾芡等，一些小作坊，常常在豆浆里掺杂生粉进行加工。

美白豆浆：为使豆浆更有卖相，黑心商贩们有的使用"吊白块"为豆浆增白，"吊白块"具有强还原性，主要用于印染染剂，经过加热后，分解成甲醛和二氧化硫，二氧化硫可使产品漂白增色。有的向豆浆里撒石灰粉，石灰粉主要成分是碳酸钙，多用于建筑业。这两者都是不能运用于食品之中的，豆浆是白了，商贩是有利可图了，但给消费者带来的伤害也是非常巨大的。

霉变大豆做原料：部分黑心小作坊为节约成本，掺入霉变或陈化的大豆加工豆浆，可能产生黄曲霉素，这是目前世界上公认的强致癌物质之一。

勾兑水豆浆：有的黑心作坊每公斤黄豆竟兑水10kg左右，这种兑水豆浆的营养几乎与白开水相差无几。

掺伪检验

感官鉴别

看颜色：好的豆浆颜色为均匀一致的乳白色或淡黄色；劣质的豆浆是灰白色的。

看形态：将豆浆均匀搅拌后一到两小时进行观察会发现，好的豆浆质地细腻，无结块，有少许沉淀；劣质的豆浆则出现分层，有大量的沉淀。

闻气味：好的豆浆有豆制品特有的香气；劣质的豆浆则有其他异味。

品口味：好的豆浆味道纯正，没有怪异的口味，口感滑爽，并略带一股淡淡的甜味；劣质的豆浆有酸味或涩口的味道，口感不佳，颗粒粗糙，味淡如水。

安全标准

《食品添加剂使用卫生标准》（GB 2760—2011）规定：用于豆制品的消泡剂最大允许使用量为0.05g/kg。

《食品营养强化剂使用标准》（GB 14880—2012）对豆浆中各种营养成分的含量有明确要求。

《中华人民共和国国内贸易行业标准豆浆类》（SB/T 10633—2011）对豆浆外观、味道有详细描述，并要求蛋白质含量≥2.0g/100g，总固形物≥6.0g/100g。

延伸阅读

豆浆怎么喝才安全？

生豆浆里含有皂素、胰蛋白酶抑制物等有害物质，未煮熟就饮用，会发生恶心、呕吐、腹泻等中毒症状。豆浆不但必须要煮开，而且在煮豆浆时还必须要敞开锅盖，这是因为只有敞开锅盖才可以让豆浆里的有害物质随着水蒸气挥发掉。

69 身世不清白的 豆腐皮

🍱 事件盘点

⏰ 据2011年3月28日《每日新报》报道，天津东丽区赵沽里工贸小区4号院，隐藏着一个数百平方米的生产车间，在这个车间里，黑心厂商为牟取暴利，竟用国家明令禁止在食品中添加的工业用氯化镁，替代价格高出两倍的食品用氯化镁制作豆皮。公安东丽分局经侦支队民警和质监执法人员组成的联合检查组对区内食品生产企业进行拉网检查，查获了这个黑作坊，当场扣押工业用氯化镁10袋，并对此黑作坊进行处罚。

⏰ 2007年2月，广东中山市的质监人员在检查一家豆腐加工店时发现，该店员工将豆腐皮放入一种橙色液体里浸染。经浸染后的豆腐皮颜色通体金黄，卖相十分诱人。该橙色染料为"碱性橙Ⅱ"，属非食品用添加剂，是一种偶氮类碱性染料，俗名"王金黄"，为致癌物，主要用于纺织品、皮革制品及木制品的染色。

📷 揭秘不安全因素

豆干、豆皮等豆制品都是大豆经加工制成的。大豆经过加工，不仅蛋白质含量不减，而且还提高了消化吸收率。除了蛋白质含量丰富，还含有多种矿物质，营养价值非常高，同时美味可口，促进食欲。目前，一些不法分子在豆皮、豆干的生产过程中违规使用工业氯化镁、碱性橙Ⅱ等化学物质以达到降低成本和染色的目的。

氯化镁：别名卤片、盐卤，是以水氯镁石或直接用制盐母液为原料制成。食用氯化镁可作为食品添加剂用于豆类制品生产中，作为稳定剂或凝固剂。但工业氯化镁因为其中杂质较多，且含有硫酸盐及各种重金属等有害物质，因此，长期食用会造成急性中毒和慢性危害，可能引起尿毒症、胆结石、肾结石等疾病。

碱性橙Ⅱ：俗名"王金黄"、"块黄"等，主要用于纺织品、皮革制品及木制品的染色，比其他水溶性染料更易于在豆腐上染色且不易褪色。过量摄取、吸入以及皮肤接触该物质均会造成急性和慢性的中毒伤害，因此禁止用于食品添加剂范围。

掺伪检验

感官鉴别

看颜色：正常的豆腐皮颜色是均匀一致的白色或淡黄色，有光泽；劣质豆腐皮色泽暗淡青灰，无光泽。

看形态：正常豆腐皮组织结构紧密细腻，富有韧性，软硬适度，薄厚度均匀一致，不粘手，无杂质；劣质豆腐皮组织结构粗糙杂乱，薄厚不均，韧性差，表面发黏起糊，手摸之粘手。

闻气味：正常豆腐皮具有豆腐皮固有的清香味，无不良气味；劣质豆腐皮微有异味或酸臭味、馊味或其他不良气味。

品口味：正常豆腐皮具有豆腐皮固有的滋味，微咸味；劣质豆腐皮稍有苦涩味或酸味等不良滋味。

安全标准

《食品添加剂使用标准》（GB 2760—2011）规定，食用级氯化镁可作为豆制品的稳定剂、凝固剂，而工业用氯化镁是国家明令禁止使用在食品中的。

《食品中违法添加的非食用物质和易滥用的食品添加剂名单》中，碱性橙Ⅱ属于非食用物质，禁止用于食品添加剂范围。

延伸阅读

怎么吃豆腐皮才更健康？

豆腐皮的不足之处是缺少一种必需氨基酸——蛋氨酸，搭配一些别的食物如鱼、鸡蛋、海带、排骨等，便可提高豆腐中蛋白质的利用率，而且味道更加鲜美。

豆腐皮卷大葱不宜多吃，影响豆腐中的钙质，会遭到破坏。

豆腐皮含有的卵磷脂可除掉附在血管壁上的胆固醇，防止血管硬化，预防心血管疾病，保护心脏。

70 吊白块美容的 毒腐竹

吊白块

腐竹

事件盘点

据2012年12月19日《法制晚报》报道，在近期的食品安全监管工作中，北京市工商局在流通领域的食品抽检中发现7个不合格样本，其中富源、双祥两款腐竹，被查出含有不得检出的甲醛次硫酸氢钠（吊白块），另外其二氧化硫含量也超标，这两个品牌均产自河南省内黄县，这些不合格食品已全市下架。

2011年12月4日，"每周质量报告"报道，最近湖南警方破获了一起添加非食用物质生产腐竹的案件。今年8月中旬，湖南省长沙县榔梨镇派出所民警发现，当地一家加工腐竹的闽乐豆制品厂卫生条件差、生产工艺落后，但成品腐竹的产量不低，其腐竹产品的外观异常鲜亮。经调查发现，三个腐竹样品中均发现含有硼砂，两个样品中含有乌洛托品，一个样品中含有吊白块的反应产物甲醛。这三种化学品是国家明确规定不得往腐竹中添加的非食用物质。

揭秘不安全因素

腐竹因营养丰富并且口感清爽，所以很受消费者的喜爱。传统工艺制作腐竹需要精选上好黄豆，经过去皮、浸泡、研磨、甩浆、蒸煮、过滤、提取等工艺，费时、费力、消耗大量原料后获得的熟浆，还要经过高温加热，最后从熟浆中漂起的一层"油膜"中提取、晾晒，才能得到美味的腐竹。

为了色泽漂亮、增长保鲜期、增加产量等，许多不法分子将吊白块、硼砂、乌洛托品等具有毒性的化学物质，用于腐竹的生产加工，使腐竹韧性好，爽滑、不易煮烂，来降低生产成本，牟取暴利。由于此类工业原料的毒性较高，食用后对人体会造成很大的伤害，现世界各国均已明令禁止使用此类工业原料作为食品添加剂。

吊白块：化学名称为甲醛合次硫酸氢钠，由于它对食品的漂白、防腐效果明显，价格低廉，因此被不法商家在面条、粉丝、腐竹中长期使用。放入吊白块可使其变得韧性好、爽滑可口、不易煮烂。但吊白块在食品加工过程中会分解产生甲醛，有毒性，摄入10g即可致人死亡。因此，我国禁止使用吊白块增白食品。

硼砂：为硼酸钠的俗称，是一种无色半透明晶体或白色结晶粉末，硼砂作为制作消毒剂、保鲜防腐剂等的原材料，被掺进腐竹中，用于改善腐竹的色泽和保鲜，并有增加弹性和膨胀的作用。但硼砂能致癌，对人体危害极大，成人摄入10g即可致死。

乌洛托品：主要用作树脂和塑料的固化剂，人食用后可导致人体过敏、致癌、器官畸形。

掺伪检验

感官鉴别

看色泽：伪劣品颜色光亮，色泽度很好，像打过蜡，皮很薄。横断面上会有很多小白点，豆皮层较厚，豆皮之间空间较小；正规品的皮很厚，色泽偏淡，有自然的黄豆色，横断面没有明显的色泽变化，豆皮层很薄，豆皮之间空隙较为疏松。

闻味道：劣质品闻起来气味较浓，有霉味、酸臭味等刺鼻的异味；正规品则有腐竹固有的豆香味，无异味。

品口味：劣质品的口感有苦味、涩味或酸味等不良滋味，用水长时间浸泡会腐烂成豆腐渣状；正规品具有腐竹固有的鲜香滋味，长时间浸泡都不会腐烂。

理化检验

食品中吊白块的定性检验（醋酸铅显色实验）

方法原理： 吊白块与醋酸铅反应，生成棕黑色化合物。

操作方法： 取样品磨碎，加10倍量的水混匀，移入锥形瓶中，加入盐酸溶液，再加入2g锌粒，迅速在瓶口包1张醋酸铅试纸，放置1h。观察颜色变化，同时做对照试验。如果试纸变为棕色至黑色为阳性，如果试纸不变色为阴性。

食品中吊白块的现场快速定性法（AHMT）

方法原理： 吊白块在食物中分解成甲醛、次硫酸氢钠和二氧化硫。甲醛与显色剂AHMT（4-氨基-3-联氨-5-巯基-1，2，4-三氮杂茂）反应生成紫色化合物与比色板比对得出甲醛含量，检出限0.05μg。

安全标准

《食品中可能违法添加的非食用物质名单（第一批）》中明确规定：腐竹、粉丝、面粉、竹笋等制品中不允许添加吊白块、硼砂、乌洛托品等非食用物质。

71 晶莹剔透的 问题粉丝（条）

晶莹剔透的粉丝

事件盘点

近年来，"问题粉丝"不断地出现在各大媒体，层出不穷的报道着实让人担忧：

⏰ 2004年5月2日，中央电视台《每周质量报告》对著名的龙口粉丝进行了曝光，称其"晶莹剔透"是用农用碳酸氢铵化肥，甚至用氨水直接提取下脚料淀粉，添加增白剂的手法做出来的。

⏰ 2006年12月6日，《北京晚报》报道，北京市食品安全办通报，烟台德胜达龙口粉丝有限公司生产的龙口粉丝中检出甲醛次硫酸氢钠，也就是俗称的吊白块。

⏰ 2009年6月25日，《山西市场导报》报道，家住许西村的殷女士在太原市黄陵村买到一种红薯粉条，像是涂了一层亮油，感觉有点湿潮，闻着有一股酸味。经专业人士测定，为了使粉条颜色白亮、鲜艳，生产者用硫磺进行了熏蒸。而硫磺熏蒸后，残留在红薯粉条内的二氧化硫会发生化学反应生成亚硫酸盐，亚硫酸盐是一种致癌物质。

⏰ 2011年3月22日，天津北方网报道，市场上销售的部分粉丝外表看似光鲜，其实在销售之前经过了洗涤并添加色素，而老板却声称添加色素属正常。

揭秘不安全因素

粉丝（条）是以豆类、薯类和杂粮为原料加工制成的丝状或条状干燥淀粉制品，以绿豆、豌豆为原料的品质为佳。有的厂家为了降低成本，在绿豆粉丝里掺玉米淀粉，但是由于玉米淀粉颜色发黄发暗，所以厂家还要对淀粉进行特殊处理。工人向淀粉中添加增白剂：吊白块、过氧化苯甲酰、化肥碳酸氢铵、氨水，这样提取的淀粉，颜色雪白，看起来和正常的淀粉没什么区别。

碳酸氢铵：可在人体内转换为亚硝酸盐和硝酸铵异类物质，损害消化道、神经系统，还有致癌作用，过量食用含增白剂的食品对人体也是有害的。

吊白块：化学名称为甲醛合次硫酸氢钠，常用于工业漂白剂、还原剂等。由于它对食品的漂白、防腐效果明显，价格低廉，因此被不法商家在米粉、面食加工中长期使用。经常被不法商贩加入吊白块的食品有海产品、粉丝、腐竹、银耳等。面条、粉丝、腐竹放入吊白块可使其变得韧性好、爽滑可口、不易煮烂。但吊白块在食品加工过程中会分解产生甲醛，有毒性，摄入10g即可致人死亡。

氨水：是氨气的水溶液，无色透明且具有刺激性气味。易挥发，具有部分碱的通性，由氨气通入水中制得，农业上经稀释后可用作化肥。有毒，对眼、鼻、皮肤有刺激性和腐蚀性，能使人窒息，空气中最高容许浓度为30mg/m^3。

掺伪检验

感官鉴别

燃烧法：纯粉丝燃烧较为困难，而添加了化肥的粉丝可以完全燃烧。

水煮法：水煮5分钟后，纯粉丝不易煮烂，掺假粉丝很容易煮断。

看外观：纯粉丝洁白带有光泽，不过分白净，也不发黑、发黄；粗细均匀，无碎条，有弹性，无杂质，无异味。掺假粉丝看起来色泽灰暗，无光泽，有大量碎条。

理化检验

食品中吊白块的定性检验（醋酸铅显色实验）

方法原理：吊白块与醋酸铅反应，生成棕黑色化合物。

操作方法：取样品磨碎，加10倍量的水混匀，移入锥形瓶中，加入盐酸溶液，再加入2g锌粒，迅速在瓶口包1张醋酸铅试纸，放置1小时。观察颜色变化，同时做对照试验。如果试纸变为棕色至黑色为阳性，如果试纸不变色为阴性。

食品中吊白块的现场快速定性法（AHMT）

方法原理：吊白块在食物中分解成甲醛、次硫酸氢钠和二氧化硫。甲醛与显色剂AHMT（4-氨基-3-联氨-5-巯基-1，2，4-三氮杂茂）反应生成紫色化合物与比色板比对得出甲醛含量，检出限0.05μg。

安全标准

《食品中可能违法添加的非食用物质名单（第一批）》中明确规定：腐竹、粉丝、面粉、竹笋等制品中不允许添加吊白块、碳酸氢铵等非食用物质。

72 暗藏猫腻的 "白嫩"豆芽

事件盘点

⏰ 2013年5月18日《检察日报》报道，2012年4月以来，孙某夫妻二人从事生产销售豆芽的生意。在豆芽加工过程中，将兽用漂白粉用于缸具消毒，并在豆芽中添加了109无根粉、绿豆芽素剂等物质。2012年5月23日，该豆芽加工窝点被执法部门现场查获豆芽1500斤，以及兽用漂白粉和109无根粉等各类豆芽添加剂。检测发现，他们生产、销售的豆芽中含有硝酸盐、亚硝酸盐。义乌市卫生局出具鉴定意见：豆芽中含有硝酸盐、亚硝酸盐，可能对人体健康造成损害，属有害物质。经浙江省义乌市检察院提起公诉，孙某夫妻二人因生产、销售有毒、有害食品罪被法院分别判处有期徒刑一年和十个月，并处罚金。

⏰ 2013年4月25日《羊城晚报》报道，豆芽价格不高，竟也有人用有毒添加剂去生产并销售牟利。佛山高明男子虞某为了让自家豆芽长得更快更好看，首先是往豆芽里添加"无根黄豆芽素"、"无根绿豆芽素"，目的是让豆芽不带有根须；防止豆芽长根后，还要让豆芽"美白"，需要装一小勺子的"豆芽多效增白王"兑水后浇在豆芽上，这样生长出来的豆芽更好看更白。每天可以卖出200～300斤豆芽，每公斤价格在0.6～0.7元，一年大概可以卖出8万斤。随后高明区法院以生产、销售有害食品罪判处其有期徒刑一年六个月，并处罚金人民币3万元。

揭秘不安全因素

鲜嫩爽口、富有营养的豆芽，是人们餐桌上的一道家常菜。但近年来，一些豆芽商贩为了催芽速生，缩短豆芽的生长期，增加豆芽的发芽率，并使其外表看来新鲜白嫩粗壮，在豆芽泡制过程中，往往施加化肥（主要指尿素、硫酸铵、硝酸铵、碳酸铵等）和添加剂（如"保险粉"、无根生长剂、豆芽多效增白王），大部分物质在培养中被豆芽吸收，人食用了这种豆芽，会对人体产生很大的伤害，如各种化学毒素会抑制人体的细胞生长，损害组织等，若长期食用有可能会致癌。

尿素：是一种高浓度氮肥，在豆芽生产中放入尿素，会被人体吸收，人食用后会在体内产生亚硝酸盐，长期食用可致癌。

保险粉：化学名称为连二亚硫酸钠，广泛用于纺织工业，用于丝、毛、尼龙等织物的漂白。若将豆芽在上市之前放入"保险粉"溶液中浸泡，豆芽的色泽会变得嫩白光亮且保存时间较长，但会对人的眼睛、呼吸道黏膜有刺激性，接触后可引起头痛、恶心和呕吐。

无根生长剂：是一种由苯甲酸、二氯异氰尿酸钠等组成的豆芽生长剂，可以使豆芽没有须根，茎粗壮，顶芽小，看起来更好看、更好销售，是一种应用广泛的豆芽生长剂。其对人体有致癌、致畸形的危害，为国家明令禁止在食品生产中使用的化学制品。

掺伪检验

感官鉴别

闻气味：健康的豆芽闻起来很清爽，有一种天然的豆腥味；而加有添加剂的豆芽，有一种酸臭味，有时还有一种淡淡的农药味或有氨味，若用开水烫一下，气味会更明显。

看外观：尽量不要选个头太均匀，而且太粗太长的，这样的豆芽可能添加了添加剂，也不要选没有根须的，没有根须的多数是使用了无根剂。用化肥浸泡过的豆芽，压杆粗壮发水，色泽灰白。

看水分：要把豆芽掐开看水分，有水分冒出的是用化肥浸泡过的豆芽；无水分冒出的是自然培育的豆芽。

安全标准

卫生部公布的《食品添加剂使用卫生标准》（GB 2760—2011）规定：无根黄豆芽素、无根绿豆芽素、头孢氨苄胶囊、豆芽多效增白王和无根豆芽调节剂等物质不属于允许使用的食品添加剂品种，属于非法添加物，摄入后会对人体产生危害。

第十章　乳及乳制品

73 人工调配的"化学奶"

📋 事件盘点

⏰ 2012年1月10日，据《印度时报》报道，印度牛奶的掺假现象极其严重，全国33个州的平均牛奶掺假率超过68%，而首都新德里地区的牛奶掺假率则达到70%。印度媒体所报道的结论来自食品安全与标准管理局的一项抽检结果，他们从首都新德里地区随机抽取了71份牛奶样品，其中50份为掺假制品，监测出掺假物质包括水、人造蛋白以及化学物质，其中包括尿素。

⏰ 2007年4月12日，据中国食品产业网报道，陕西杨凌科利奶畜有限公司在收购生鲜牛乳时存在着掺假行为。每天在乳业公司拉奶的车来之前，奶站为了增加分量多卖钱，都会先往奶罐里注水。之后，为了达到乳品企业收奶的标准，奶站还要将蛋白粉、脂肪(如添加植脂乳化油)等掺入已经注过水的牛奶中。据了解，掺假所获得的利润十分惊人，500多元的原料就能用水凭空兑出2000多元的"牛奶"掺到真牛奶中。

🔍 揭秘不安全因素

牛乳是人体所需营养成分的极好来源，它富含蛋白质、脂肪、乳糖、矿物质等营养成分，是一类营养丰富的大众化食品。有些不法分子为了牟取暴利，常常在奶源上做手脚，向牛乳中掺杂无害的廉价物质，包括水、蛋白粉等物质，以及对人体健康有害的物质，如奶粉中掺洗衣液和尿素等，这种掺假鲜奶降低了鲜奶中的营养物质，掺入了对人体有害的元素，严重侵害了消费者的利益和健康。

尿素：人体或其他哺乳动物中含氮物质代谢的主要最终产物，由氨与二氧化碳通过鸟氨酸循环而缩合生成，主要随尿排出，尿素是一种高浓度氮肥。造假者通过在牛奶中加入一些尿素来增加其中的氮含量而虚增蛋白质指标。

蛋白粉：一般是采用提纯的大豆蛋白、或酪蛋白、或乳清蛋白、或上述几种蛋白的组合体构成的粉剂，其用途是为缺乏蛋白质的人补充蛋白质，只要坚持食物丰富多样，就完全能满足人体对蛋白质的需要，没有必要再补充蛋白质粉。蛋白质摄入过多，不但是一种浪费，而且对人体健康也是有危害的。

掺伪检验

感官鉴别

观色泽：正常的新鲜牛乳应呈乳白色或稍带微黄色。如果牛乳色泽灰白发暗，或带有浅粉红色、黄色斑点，则说明牛乳已经变质或掺有杂质。

看状态：正常的新鲜牛乳是均匀的乳浊液，有一定黏度，无上浮物和沉淀，无凝固、杂质。如果发现牛乳呈稠而不匀的溶液状，或上部出现清液，下层有豆腐脑状物质沉淀在瓶底，说明牛乳已变质。

闻气味：正常的新鲜牛乳应有一种天然的乳香，其香味平和、清香、自然、不强烈，此香来源于乳脂肪，香气的浓淡取决于乳脂肪含量的多少。如果是部分脱乳脂肪的牛乳，其乳香味稍淡薄。新鲜的牛乳不应有酸味、鱼腥味、饲料味、酸败臭味等异常气味。

尝滋味：正常的新鲜牛乳滋味可口且稍甜，有鲜乳独具的纯香味，无其他任何异常滋味；如品尝出酸味、咸味、苦味、涩味等，则说明牛乳已变质或掺有其他物质。

理化检验

牛乳掺水的检验方法

相对密度法：正常牛乳在20℃下相对密度为1.028~1.032，牛乳掺水后相对密度降低，低于$1.028g/cm^3$可视为掺水可疑；相对密度低于$1.026g/cm^3$可认为掺水。加10%的水密度降低$0.003g/cm^3$，牛乳脱脂后密度增高。

安全标准

国家标准《食品安全国家标准生乳》（GB 19301—2010）规定：生乳中理化指标包括：相对密度≥1.027；蛋白质≥2.8g/100g；脂肪≥3.1g/100g；杂质度≤4.0mg/kg；非脂乳固体≥8.1g/100g；酸度牛乳（12~18）°T，羊乳（6~13）°T；无致病菌和抗生素检出。

《生鲜牛乳质量管理规范》（NY/T 1172—2006）规定：生鲜牛乳中禁止掺水、掺杂、掺入有毒有害物质及其他物质。

74 废物利用的 "皮革奶"

皮革加工牛奶

📄 事件盘点

⏰ 2011年2月12日中国政府网挂出农业部近日下发的《2011年度生鲜乳制品质量安全监测计划》，其中除了要求检测奶粉当中的三聚氰胺之外，还要检测皮革水解蛋白。

⏰ 2009年3月6日，国家食品药品监督管理局印发了《全国打击违法添加非食用物质和滥用食品添加剂专项整治近期工作重点及要求》(卫监督发〔2009〕21号)的通知。其中，打击添加皮革水解物是乳及乳制品生产领域的重中之重。

⏰ 2009年2月，国家质检总局食品司接匿名举报，称"晨园乳业"在乳制品中添加"皮革蛋白粉"，以提高蛋白质含量。3月5日，浙江金华市质监局、兰溪市质监局配合浙江省质监局对"晨园乳业"进行突击检查，现场扣押60kg"皮革水解蛋白粉"，立即责令该企业停产整顿。3月18日，浙江省质监局抽样检测"晨园乳业"8个批次的含乳饮料成品、半成品，其中3批次成品、2批次半成品含"皮革水解蛋白"成分。之后，质监部门根据公司销售出库单开展省内清查、省外协查，在浙江嘉善、海宁、龙游、诸暨4地检测出含"皮革水解蛋白"的"晨园乳业"产品1298箱，并就地封存。

📀 揭秘不安全因素

乳制品企业以蛋白质含量计价，在高额利益的驱使下，一些不良奶商铤而走险，用做皮具的边角料，甚至破皮鞋、烂皮带经过化学处理，水解出人造蛋白，代替牛奶中的天然蛋白，再添加香精、色素等原料后，制成所谓的"皮革奶"。这些人造奶完全不含一点真奶的成分，用这些工业垃圾分解出的蛋白，其中含有的许多毒素是除不掉的，会对人体造成极大损害。

皮革水解蛋白：就是用城市垃圾堆里的破旧皮衣、皮箱、皮鞋，还有厂家生产沙发、皮包等皮具时剩下的边角料，经过化学、生物技术处理，水解出的皮革中原有的蛋白。在皮包、皮鞋等制作过程中，为了使皮革变柔软，一般会添加重金属化学药剂，如六价铬。食用这种方法制成的"假奶"，会对人的神经系统、脏器等造成损伤，甚至导致重金属中毒。

香精：是由人工合成的模仿水果和天然香料气味的浓缩芳香油。它是一种人造香料，多用于制造食品、化妆品和卷烟等。食用香精是参照天然食品的香味，采用天然和天然等同香料、合成香料经精心调配而成具有天然风味的各种香型的香精，包括水果类水质和油质、奶类、家禽类、肉类、蔬菜类、坚果类、蜜饯类、乳化类以及酒类等食品。适用于饮料、饼干、糕点、冷冻食品、糖果、调味料、乳制品、罐头、酒等食品中。食用香精的剂型有液体、粉末、微胶囊、浆状等。

掺伪检验

感官鉴别

消费者无法凭肉眼去区分牛奶是不是"皮革奶"，而长期饮用"皮革奶"会对身体造成不良影响，因此购买牛奶时，最好购买正规企业的奶品。

理化检验

乳与乳制品中动物水解蛋白鉴定L(–)-羟脯氨酸含量的测定方法

方法原理：试样经酸水解，释放出羟脯氨酸。经氯胺T氧化，生成含有吡咯环的氧化物。用高氯酸破坏过量的氯胺T。羟脯氨酸氧化物与对二甲氨基苯甲醛反应生成红色化合物，在波长558nm处进行比色测定。因L(–)-羟脯氨酸为胶原蛋白中的特有组分，其含量占10%以上，而乳蛋白中不含有此成分，如若样品中含有L(–)-羟脯氨酸，可判定添加了动物水解蛋白。

安全标准

卫生部明令禁止以水解蛋白加工乳制品，皮革水解物已纳入食品整治办〔2009〕5号《食品中可能违法添加的非食用物质和易滥用的食品添加剂品种名单（第二批）》中。

农业部发布的"2011年全国生鲜乳质量安全监测计划"中，将"皮革奶"列入监测黑名单。

75 抗生素残留的"有抗奶"

事件盘点

⏰ 2009年3月22日，据中广网阿勒泰报道，新疆阿勒泰地区福海县3月20日发生一起"有抗奶"销售事件，奶农李某将收购来的二十多吨鲜奶运往阿勒泰市一家乳制品公司，经过检验后被告之牛奶含"有抗奶"并遭到拒收，李某不得不忍痛将牛奶白白倒掉，直接经济损失达4万余元。

⏰ 目前国内的奶源参差不齐，在利益的驱动下往往加入很多其他的物质，抗生素的滥用更是普遍的现象，因此如何加大检测的力度，保证流入市场的奶制品能做到"无抗"，做到放心食用，还需要一个漫长的探索过程。

揭秘不安全因素

奶牛在每年换季时易患乳腺炎，并且采用机械榨乳也比人工挤奶使奶牛更易患乳腺炎，因此向牛乳房部位直接注射抗生素，奶牛能尽快恢复健康。经过抗生素治疗的奶牛，在一定时间内产生的牛奶会残存少量抗生素，这种奶不能作为食用奶原料进行加工生产。一些人为了利益，则让弃奶流入了市场，这些奶就是"有抗奶"。"有抗奶"同受农药污染、放射性污染的牛奶一样，属于异物污染物，是不能食用的异常乳。由于一般抗生素能耐高温，现有的加热杀菌工艺根本无法完全消除牛奶中的抗生素残留。长期饮用"有抗奶"会对人体造成极大损害。

抗生素：是用于治疗各种细菌感染或抑制致病微生物感染的药物。青霉素和四环素及某些氨基糖苷类抗生素长期残留在牛奶中，能使部分有过敏体质的人发生过敏反应。牛奶中残留的抗生素会抑制和杀灭正常肌体内寄生的大量菌群，破坏人体肠道内的细菌平衡，降低肌体免疫力，易引发感染性疾病。

掺伪检验

感官鉴别

由于消费者无法凭肉眼去区分牛奶中是否含有抗生素，而长期饮用含抗生素的牛奶会对身体造成不良影响，购买牛奶时，最好购买标明"无抗奶"的正规企业的奶品。

理化检验

国家修订新国标来规范乳业市场，目前我国较常用的牛奶抗生素残留检测方法主要有TTC法（国标检测法）、Snap法和高效液相色谱检测法等。目前不少知名企业已将Snap法作为质控标准。

TTC法：是乳业现行国家标准中规定的检测方法，针对青霉素、链霉素、庆大霉素、卡那霉素4类抗生素有效，但耗时较长且精度无法估计，检测限大于10ppb。

美国Snap法：主要针对β-内酰胺类抗生素，采用酶联免疫法，对于青霉素检测精度可达到5ppb，一般用于乳品厂商对原料奶进行快速筛选。

高效液相色谱法：检测的种类和范围更广，数据更精确，但程序复杂操作难度大，一般只有质量监管机构和科研检测机构才使用。

安全标准

《生鲜牛乳质量管理规范》（NY/T 1172—2006）和《食品安全国家标准 生乳》（GB 19301—2010）中都明确规定：应用抗生素期间和休药期间的乳汁不应用作生乳。

延伸阅读

牛奶储存要点

鲜牛奶应放置在阴凉的地方，最好是放进冰箱。不要将鲜牛奶放在黑暗的地方，否则会损失B族维生素；也不要在阳光下曝晒，否则牛奶易酸败。长时间放在冰箱里也不好，因为冰箱温度过低，会使维生素A受到破坏。

76 冒充鲜奶的 "复原乳"

复原乳

事件盘点

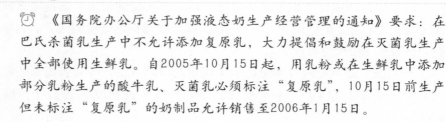

《国务院办公厅关于加强液态奶生产经营管理的通知》要求：在巴氏杀菌乳生产中不允许添加复原乳，大力提倡和鼓励在灭菌乳生产中全部使用生鲜乳。自2005年10月15日起，用乳粉或在生鲜乳中添加部分乳粉生产的酸牛乳、灭菌乳必须标注"复原乳"，10月15日前生产但未标注"复原乳"的奶制品允许销售至2006年1月15日。

揭秘不安全因素

复原乳，又称"还原奶"，是指把乳浓缩、干燥成为浓缩乳(炼乳)或乳粉，再添加适量水，制成与原乳中水、固体物比例相当的乳液。复原乳经过两次超高温处理，营养成分有所流失，因此在营养价值上不如需低温保鲜的巴氏杀菌奶，较用原奶制造的常温奶也有所逊色。为追求产品口感香浓，有些厂家在纯牛奶中添加奶粉、黄油或干脆以复原乳代替原奶，市场上不少含乳饮料、调味乳、酸奶不同程度地使用了复原乳，但是没有在标签上做任何说明，在产品标识上误导消费者，这种做法侵害了消费者的知情权。

黄油：是将牛奶中稀奶油和脱脂乳分离后，将稀奶油搅拌而成。主要成分是脂肪，其含量在90%左右，剩下的成分主要是水分、胆固醇，基本不含蛋白质。适量食用天然黄油可改善因食用不饱和脂肪酸或人造黄油而导致的贫血症状。

掺伪检验

感官鉴别

看原料：鲜奶的原料是生鲜牛奶；复原奶的原料主要是奶粉，看有没有标明"复原乳"。

看存放：看牛奶是不是在冷链系统(冰箱或冰柜)内存放，鲜奶必须要在冷链系统内保存。

看保质期：鲜奶为巴氏消毒奶，保质期1~3日内；复原奶（灭菌奶）的保质期常温下一般超过1个月。

理化检验

复原乳中糠氨酸含量的测定

方法原理： 牛奶在加热过程中会发生梅拉德反应，使蛋白质和糖生成特定产物之一——糠氨酸（ε-N-2-呋喃甲基-L-赖氨酸）。糠氨酸的含量利用高效液相色谱紫外（280nm）检测器测定，依据糠氨酸标准物质定量。当巴氏杀菌乳每100g蛋白质中糠氨酸含量大于12mg时，则鉴定为含有复原乳。当超高温瞬时（UHT）灭菌乳发生下列情况之一时，则鉴定为含有复原乳：（1）$W-0.7 \times t > 190$；式中：W——待测UHT灭菌乳样品中每100g蛋白质中所含糠氨酸的毫克数；t——待测UHT灭菌乳贮存天数；0.7——待测UHT灭菌乳每贮存一天每100g蛋白质中产生的糠氨酸毫克数。（2）当UHT灭菌结束每100g蛋白质中糠氨酸含量为140~190mg时，乳果糖含量（mg/L）与糠氨酸含量（每100g蛋白质所含毫克数）比值小于2。

安全标准

国家标准规定，对于用乳粉或在生鲜乳中添加部分乳粉生产的酸牛乳、灭菌乳，其产品标签的标识内容除符合《预包装食品标签通则》（GB 7718—2004）、《酸牛乳》（GB 2746—1999）和《灭菌乳》（GB 5408.2—1999）等有关规定外，还应符合以下要求：全部用乳粉生产的酸牛乳、灭菌乳应在产品名称紧邻部位标明"复原乳"或"复原奶"；在生鲜乳中添加部分乳粉生产的酸牛乳、灭菌乳应在产品名称紧邻部位标明"含××%复原乳"或"含××%复原奶"。

延伸阅读

怎么喝牛奶才安全？

不宜长时间高温蒸煮。牛奶中的蛋白质受高温作用，会由溶胶状态转变成凝胶状态，导致沉淀物出现，营养价值降低。

一些肠胃功能弱的人喝牛奶时应尽量小口喝，让牛奶与唾液充分混合。如果大口大口地喝，牛奶便直接进入胃里与酸性胃液发生反应，牛奶中的蛋白质与脂肪就会结成块状，不易为人体消化，还会出现腹泻等不适。

不可空腹喝牛奶。因为空腹时牛奶在胃里停留时间短，会影响牛奶的消化吸收。

77 假冒蛋白质的 三聚氰胺奶粉

事件盘点

2008年9月，中国发生三鹿婴幼儿奶粉受污染事件，导致食用了受污染奶粉的婴幼儿产生肾结石病症，其原因是奶粉中含有三聚氰胺。国家质检总局通报全国婴幼儿奶粉三聚氰胺含量抽检结果，河北三鹿、山西雅士利、内蒙古伊利、蒙牛集团、青岛圣源、上海熊猫、山西古城、江西光明乳业英雄牌、宝鸡惠民、多加多乳业、湖南南山等22个厂家69批次产品中检出三聚氰胺，被要求立即下架。中央电视台在晚上7点的新闻联播节目中进行了报道。报道称，三聚氰胺是一种低毒性化工产品，婴幼儿大量摄入会引起泌尿系统疾患。卫生部门要求各医疗机构要进一步加强对于含三聚氰胺奶粉引发病例的筛查诊断工作，国家有关部门将要继续密切跟踪调查。

2009年年底至2010年年初，陕西金桥乳业又售出5吨三聚氰胺粉。时至7月，甘肃、青海、吉林等地的乳品再度被曝三聚氰胺严重超标，其中青海东垣乳品厂一家样品竟超标500余倍，原料来自河北等地，生产的奶粉主要销往江浙一带。

揭秘不安全因素

一些不法商贩向原料牛奶中掺水以增加体积，导致牛奶被稀释后蛋白质含量降低，无法通过检测。为了提高奶粉中蛋白质的氮含量以达到国家标准，黑心商贩选择向奶粉中添加三聚氰胺，三聚氰胺中的氮含量较高，达67%，其色为白色、无味，因此不易被消费者发现。三聚氰胺对人体和动物的危害尚未完全明了，人们比较一致的结论是"如长期和反复接触该物质，可能对肾发生损害"。

三聚氰胺：是一种低毒性的有机化工中间产品，主要用来制作三聚氰胺树脂，婴幼儿大量摄入会引起泌尿系统疾患，目前患泌尿系统结石的婴幼儿主要是由于食用了含有大量三聚氰胺的婴幼儿配方奶粉引起的。

掺伪检验

感官鉴别

掺三聚氰胺的奶粉，普通家庭一般无法鉴别，购买牛奶时，最好购买正规企业的奶品。

理化检验

乳品中三聚氰胺快速定性检测

方法原理：三聚氰胺在催化剂的作用下发生水解，水解产物在加热中挥发，遇黄色试纸中的底物后发生橘棕色变化，由此证明试样中是否含有三聚氰胺成分。

乳品中三聚氰胺的定量检测

高效液相色谱法

方法原理：试样中的三聚氰胺用1％三氯乙酸提取，离心后取部分提取液，用阳离子交换柱净化，氨化甲醇洗脱，洗脱液经氮气吹干用甲醇溶液溶解，用配备紫外检测器或二极管阵列检测器的高效液相色谱仪进行定量测定。

气相色谱质谱法

方法原理：试样中的三聚氰胺用三氯乙酸提取，经阳离子交换固相萃取柱净化后，用BSTFA+1%TMCS衍生化，用气相色谱质谱仪进行定性和定量分析。

安全标准

2011年4月6日，卫生部等五部门联合发布公告，规定婴儿配方食品中三聚氰胺的限量值为1mg/kg，其他食品中三聚氰胺的限量值为2.5mg/kg，高于上述限量的食品一律不得销售。

2012年7月2日，国际食品法典委员会第35届会议审查通过了液态婴儿配方食品中三聚氰胺限量标准，具体为：液态婴儿配方食品中三聚氰胺限量0.15mg/kg。

延伸阅读

为什么对奶和奶制品中三聚氰胺水平不设在"0mg/kg"？

由于三聚氰胺可用于生产食品包装材料、农药和化肥，因此食品中可能会有微量的三聚氰胺，据WHO专家估计，从包装材料迁移到婴幼儿食品中的三聚氰胺含量可能会在0.5mg/kg以下。鉴于这种情况，将奶制品中三聚氰胺的限量水平设在"0mg/kg"是不可行的，限量值的提出也是充分考虑了从环境和包装材料等其他途径可能带入到乳及乳制品中的三聚氰胺问题。

78 营养匮乏的 劣质奶粉

奶粉

事件盘点

⏰ 2006年6月8日，据《第一财经日报》报道，内蒙古食品药品监督管理局在食品安全调查与评价中，查获了一批劣质奶粉。经检验，这批标识为"内蒙古伊穆河乳品有限公司、广饶东方乳业有限责任公司联合出品"的东方牌"脑白金加锌补钙奶粉"、"高钙中老年奶粉"和"全脂中老年补钙奶粉"的蛋白质含量接近于零，产品质量均不合格。国家食品药品监督管理局为此发出紧急通知，要求相关部门立即在全国范围内开展核查工作，对劣质奶粉一经发现立即封存。

揭秘不安全因素

奶粉是用纯牛乳经蒸干加工而成，基本上8.5t牛奶可蒸干成1吨奶粉，含有蛋白质、脂肪、维生素和矿物质。而掺假奶粉是在奶粉中添加一些价格低廉的物质，如淀粉、蔗糖、蛋白粉、尿素、香精、香乳精、乳清粉、三聚氰胺等，以此冒充和提高乳蛋白质、乳糖和乳脂肪含量。劣质奶粉危害对象为以哺食奶粉为主的新生婴幼儿，主要危害是重金属、大量杂菌甚至致癌物的摄入，而蛋白质、维生素、矿物质等营养成分摄入不足，引起严重营养不良，症状表现为"头大、嘴小、浮肿、低烧"，出现造血功能障碍、内脏功能衰竭、免疫力低下等情况。由于症状最明显的特征表现为婴儿"头大"，因此又称为"大头娃"。

麦芽糊精：是一种由淀粉经低度水解、净化、喷雾干燥制成，不含游离淀粉的淀粉衍生物，简单说，是一种淀粉。

乳清粉：牛奶制成奶酪后留下来的乳清做成的粉，它的主要成分是乳糖和乳清蛋白等，价格低廉。

蛋白粉：大豆蛋白粉的蛋白质含量为88%以上，但不含乳蛋白中特有的免疫球蛋白，其氨基酸组成亦不同于乳蛋白，不易为人体消化和吸收。加入蛋白粉的奶粉营养价值明显下降。

香精：是由人工合成的模仿水果和天然香料气味的浓缩芳香油。它是一种人造香料，多用于制造食品，化妆品和卷烟等。

🎯 掺伪检验

感官鉴别

捏包装：用手捏住袋装奶粉包装来回摩擦，真奶粉质地细腻，发出"吱吱"声。假奶粉由于掺有豆粉、淀粉，发出"沙沙"的声响。

查外观：真奶粉呈天然乳黄色，质地细腻。假奶粉颜色较白，掺糖多者细看呈结晶状，掺豆粉或淀粉者呈粉末状，或呈漂白色。

闻气味：真奶粉有牛奶特有的奶香味。假奶粉奶香味甚微或没有奶香味。

尝滋味：真奶粉入口后细腻发黏，溶解速度慢，也无豆腥味和淀粉味。假奶粉、掺糖奶粉入口后溶解快，不粘牙，有甜味(全脂牛奶粉)或太甜(全脂加糖奶粉)；掺豆粉者有豆腥味；掺淀粉者有淀粉粘牙的感觉和滋味。

水溶解：真奶粉用冷开水冲时，需经搅拌才能溶解成乳白色混悬液；用开水冲时，有悬漂物上浮现象，搅拌时粘住调羹。假奶粉用冷开水冲时，不经搅拌就会溶解或发生沉淀；用开水冲时，其溶解迅速，虽掺淀粉的奶粉需搅动才会溶解，但形成淀粉糊状。

理化检验

奶粉中掺尿素的检验方法

方法原理：正常奶粉中不含尿素，当奶粉中掺有尿素时，尿素与亚硝酸钠在酸性条件下反应，使尿素与亚硝酸分解。

操作方法：奶粉溶解，取乳样3mL于试管中，加1%亚硝酸钠溶液及浓硫酸1mL，摇匀，放置5分钟，加格里斯试剂0.5g，摇匀，若没有尿素，则亚硝酸钠与格里斯试剂反应，试管中溶液呈紫红色。掺有尿素则呈黄色。

安全标准

《食品安全国家标准 乳粉》（GB 19644—2010）规定乳粉的定义为：以生牛（羊）乳为原料，经过加工制成的粉状产品。而调制乳粉是以生牛（羊）乳或及其加工制品为主要原料，添加其他原料，添加或不添加食品添加剂和营养强化剂，经加工制成的乳固体含量不低于70%的粉状产品。

79 劣质原料的 冒牌奶粉

冒牌奶粉

事件盘点

⏰ 2013年3月28日，据央视《每周质量报告》报道，荷兰美素奶粉号称是最接近母乳的奶粉，并被列为全球四大品牌奶粉之一。然而，从2012年下半年开始，美素奶粉质量问题频频被曝光。2012年11月20日，苏州市质监局接到举报称，位于苏州市工业园区的玺乐丽儿进出口(苏州)有限公司涉嫌非法生产奶粉，将一些进口品牌奶粉与过期奶粉掺杂，重新灌装并私自更改保质期，生产规模较大。玺乐丽儿进出口(苏州)有限公司不仅涉嫌非法生产奶粉，还委托印刷厂印制奶粉盒，更改标签和喷码，对奶粉进行重新包装，改头换面。该奶粉被曝光后，习水县工商局以超市、婴幼儿产品专营店为重点场所，展开"美素丽儿"婴幼儿配方奶粉全面清查工作。

⏰ 2012年2月23日，据《齐鲁晚报》报道，莱阳市法院对公安部直接督办的"12·31"全国特大假冒注册商标制售假奶粉案作出一审宣判，判处被告人孟某、庄某等25人有期徒刑6年至有期徒刑6个月不等，并处罚金。从2007年以来，被告人孟某、庄某、滕某等27人在海阳、莱西、临沂、沈阳、郑州等地通过购入廉价的原料奶粉，用假冒名牌的包装袋进行包装的方式，加工假冒"贝因美""飞鹤""伊利"等大品牌奶粉并予以销售，从中赚取暴利。案件涉及制版、印刷、生产、运输、销售多个环节，产品假冒8个厂家22个品牌。

揭秘不安全因素

进口奶粉和国内一些大品牌奶粉由于奶源质量好、工艺水平高，受到广大消费者的认可，一些不法商贩为牟取高额利润，将一些品牌奶粉与过期劣质奶粉掺杂，重新灌装并私自更改保质期冒充品牌奶粉出售，有些造假团伙为了让这些假冒伪劣奶粉口感上与真的奶粉更贴近，还使用了大量的香料。这些产品基本都存在质量不达标的问题，会对婴幼儿造成很大的危害。

香兰素：是食用调香剂，具有香荚兰豆香气及浓欲的奶香，添加到假冒伪劣奶粉中后会让奶粉有浓厚的奶香味。大剂量食用这种香精可导致头痛、恶心、呕吐、呼吸困难，甚至损伤肝、肾。

掺伪检验

感官鉴别

看色泽：劣质乳粉色泽呈白色或灰白色，色泽比较深。冲调后有焦粉状沉淀或大量蛋白质变性凝固颗粒及脂肪上浮。优质乳粉色泽洁白或呈乳黄色，色泽均匀，有光泽。颗粒细小，均匀一致，无结块，冲调后是胶状液体，无沉淀、无杂质。

闻气味：劣质乳粉乳香味变淡，有酸败味、霉味、苦涩味。优质乳粉的气味有天然的乳制品香味。

品口味：劣质的乳粉入口后对口腔黏膜有刺激感。食用这种变质乳会损害健康。优质乳粉甜味纯正，无异味。

理化检验

乳新鲜度的快速检验法

煮沸试验：取乳样10mL于试管中，置沸水浴中加热5分钟后观察，不得有凝块或絮片状物产生，否则表示乳不新鲜，且酸度大于26°T。

异常乳和陈旧乳的检验

亚甲基蓝比色法：异常乳和陈旧乳中微生物繁殖时产生一种还原酶，此酶能将亚甲基蓝还原为无色的亚甲基白，使染料褪色。可通过亚甲基蓝褪色速度判断是否为异常乳、陈旧乳。

香兰素含量的测定

紫外吸收分光光度法：准确称取试样及参比标准香兰素约100mg，放入250mL容量瓶中，用甲醇定容，混合。取该溶液2.0mL，放入一100mL容量瓶中，用甲醇定容后混匀，用紫外吸收分光光度在最大吸收波长约308nm处测定。

安全标准

我国《食品安全国家标准 食品添加剂使用标准》（GB 2760—2011）规定：针对0~6个月婴儿的婴幼儿配方食品不允许添加香兰素，但针对6个月以上的较大婴儿和幼儿配方食品，则允许使用香兰素，最大允许使用量为5mg/100mL。

第⑪章 酒水饮料类

80 香精香料勾兑的 白酒

香飘万里

📠 事件盘点

⏰ 2013年4月15日,《焦点访谈》报道,部分小酒厂生产勾兑了食用酒精、香精香料的酒,并且未在包装上进行标注。业内人士分析,勾兑添加剂的目的是大幅降低成本、提高利润,但这种情况多出现在为获取暴利的小酒厂,正规的品牌白酒中较少见。

◎ 揭秘不安全因素

白酒是我国传统的饮料酒,是蒸馏酒的一种,主要以粮谷中的淀粉或糖类为原料,加入酒曲、酵母和其他辅料等,经过糖化、发酵、蒸馏而制成的一种无色透明、酒精度较高的液体饮料。一些白酒企业为降低成本,在原酒中添加食用酒精或者香精香料,或用工业酒精来勾兑,导致酒精度等指标不达标,并会严重危害消费者的身体健康。

食用酒精:主要是利用薯类、谷物类、糖类作为原料经过蒸煮、糖化、发酵等处理而得的供食品工业使用的含水酒精,其风味特色分为色、香、味、体四个部分,也就是指蒸馏酒中醛、酸、酯、醇这四大主要杂质的含量,不同的口味和气体会使蒸馏酒的风味不同。

工业酒精:是一种不能食用的价格低廉的工业用品,其甲醇含量很高,化学结构、性质与乙醇非常相近。一些不法分子为牟取暴利,常用工业酒精或直接以甲醇充当食用酒精兑制成白酒销售,饮用了这种白酒后可直接损害人的中枢神经系统,出现神志不清、视觉模糊等症状,最后导致失眠,严重者会导致死亡。

酒精度:是白酒的重要理化指标,含量不达标会直接影响白酒的品质及香型。一些白酒企业为降低成本,少用发酵的原料酒勾兑,用劣质酒精来代替,导致酒精度等指标不达标，严重危害消费者的身体健康。

香精：人工合成香精主要是从石化产品和煤焦油中提取的酸、醇、酚、醚、酯等类物质，由于配方及原料不同其香味也不同，有的有毒，有的没毒。若超量添加或长期食用，就会对身体健康带来极大的危害。

掺伪检验

感官鉴别

品酒：倒一杯酒于透明的玻璃杯中，对着自然光观察，好酒应清亮透明，没有悬浮物和沉淀物，闻着香气和顺，浓郁绵长，含少量于口中，其味绵柔、醇和，回味悠长。

看包装：仔细察看白酒的商标名称、色泽、图案以及标签、瓶盖、酒瓶、合格证等方面的情况。

选购货渠道：买白酒最好去正规的烟酒公司或大型购物超市，最好不要买散装酒。

理化检验

白酒中掺入工业酒精的检验（品红比色法）

方法原理： 甲醇在磷酸溶液中，被高锰酸钾氧化为甲醛，过量的高锰酸钾被草酸还原。再与无色的亚硫酸品红作用生成蓝紫色醌型结构的化合物，在590nm测定吸光度，与标准系列比较定量。

甲醇与高级醇类的检验（气相色谱法）

方法原理： 利用不同醇类在氢火焰中的化学电离反应进行检测，根据色谱峰的保留时间定性，以峰高与标准定量。

安全标准

《食品安全国家标准 蒸馏酒及其配制酒》（GB 2757—2012）中规定，以粮谷类为原料的白酒中甲醇含量不得超过0.6g/L（按100%酒精度折算，下同）；以其他为原料的白酒中甲醇含量不得超过2.0g/L。

81 真瓶里装的
假酒

📋 事件盘点

⏰ 2013年5月14日《法制日报》报道，在公安部统一指挥下，重庆、贵州、四川、安徽等6省市公安机关，摧毁了一个制作销售假冒高档白酒的犯罪团伙。2012年2月24日，重庆市商委与云阳县商务局、云阳县公安局联合对云阳县酒类市场进行例行检查时，在重庆佳飞商贸有限公司仓库查获假茅台酒128瓶，每瓶标价1888元，共计价值241664元。后经过全面排查后，一条生产销售假茅台酒的网络显现出来。2013年3月25日，云阳县公安局开展收网行动，查获假冒"飞天茅台酒"507瓶，"茅台特供酒"344瓶，挽回经济损失200余万元，涉案价值500余万元。

⏰ 2012年6月26日有媒体报道，记者采访了造假者，揭开了酒瓶里的秘密：造假者交代，自己的主要制假手段是以低档酒冒充高档酒，主要仿冒"生产"的品牌有剑南春、五粮液、国窖1573等，直接向熟悉的酒业销售商供货。为了增加假高档酒的口感，目前多用同一品牌的低档酒冒充高档酒。而这些假高档酒的瓶子和包装，都是从废品店回收购进的真品，每个成本在20元左右。造假的成本包括酒瓶、商标包装、人工费等，在50元/瓶到180元/瓶之间。"以一瓶假冒500毫升、53°的飞天茅台酒为例，其酒瓶价为30元左右，充灌的茅台王子酒的价格为100元左右，全套外包装的成本50元，加起来总成本约180元。"而把假酒批发出去，每瓶可以卖到250元至300多元。然后，这些"高档酒"在市场里会被层层加价，最终很多消费者会以1480元左右的正品价格购得这样的假酒。

🔍 揭秘不安全因素

　　造假名酒多数是将在饭店、酒楼或住家收购的名酒包装洗净处理后，灌上普通的散装白酒，冒充高档名酒再销往饭店、酒楼或一些小的烟酒批发部，高价进行销售。消费者在外包装上对酒的真假无法鉴别。虽然很多厂家在其外包装防伪上下了很大的功夫，如设置防伪密码和物流码，更有个别厂家在外包装上还设置了防伪电话查询，但这样也使消费者对真瓶装假酒的白酒难以鉴别。特别是外包装防伪查询电话的设置，更是给造假销假分子有了可乘之机。内部灌装的假冒白酒则是以同系列低档白酒来灌装同系列的高档白酒。

掺伪检验

感官鉴别

真品比较：选取真品名优白酒作为标准样品，仔细品评，熟悉此类酒的感官风格特点。

感官鉴别：按感官品评的方法和步骤对可疑的酒进行感官鉴别，就其色、香、味、风格与真品酒对照比较，这样就可以从感官上作出判断或初步判断。

品尝风味：各种名酒都具有酒液清澈、香气幽雅，入口甘醇净爽、甜而不腻、苦不持久、辣不呛喉、酸而不涩的优点。假货不具备这些优点，而且多数有香味刺鼻、入口呛喉、有杂味等不正常口感，其共同手法都是以一般白酒充当名酒，故品尝结果没有所冒充名酒的独特之处。

辨瓶盖码：每瓶洋酒在瓶底和瓶盖都有盖码，同一种酒，即使是同一批次、同一箱，各瓶盖码也均不相同，造假者要做到这一点，必然会大幅增加成本，因而很少有造假者能做到这一点。

安全标准

在推荐性国家标准GB/T 10781—2006系列标准中，无论是哪种香型的白酒，均要求为纯粮酿造，且其香味物质无论是己酸乙酯、乙酸乙酯或是乳酸乙酯，均为酿造本身产生，不得人为添加赋香物质。

延伸阅读

怎么喝酒才安全？

少量饮用白酒有利于身体健康，但是过量饮酒便会严重损伤身体机能，而且过量饮酒容易误事，所以饮酒请注意适量。

喝酒时，多喝白开水，可加速酒精从尿液中排出，减少肝脏负担；此外，喝酒前可吃富含淀粉和高蛋白的食物垫底，但不要吃腊肉，咸鱼这类食物；再次，喝酒要慢些，小口喝，猛灌不仅易醉，而且对呼吸道、胃等器官损伤大。

不要各种酒混喝，因为各种酒的酒精含量不同，身体对不断变化的酒精含量难以适应。且各种酒组成成分不同，比如啤酒中含有二氧化碳和大量水分，与白酒混喝，会加速酒精在全身的渗透作用，对身体各器官危害更大。

82 花样繁多的
假冒啤酒

📋 事件盘点

⏰ 2013年3月16日《广州日报》报道，全省部分地市酒类管理部门在广州市白云区集中销毁了一批总产值超过1亿元的假冒伪劣酒类，创历年来假酒产值最高，其中在数量上（非产值），近一半都是各种假冒伪劣啤酒。

🔍 揭秘不安全因素

啤酒是以大麦芽、啤酒花和水为主要原料，用不发芽谷物（如大米、玉米等）为辅料，经酵母发酵酿制而成的富含多种营养成分的低度饮料酒，它具有独特的苦味和香味，现已成为夏季许多人首选的理想饮料之一。

但是，为了追求利益的更大化，黑心商贩对啤酒的造假手段层出不穷，啤酒的主要掺假方式有以下几个方面：一是"兑水啤酒"；二是"假冒名牌啤酒"；三是掺假啤酒；四是"95%的啤酒都加甲醛用做稳定剂消除沉淀物"，这样做出的假酒不但失去了啤酒自身的香味，更重要的是由于此类假啤酒经过改装，易滋生细菌，很难保鲜，严重损害了消费者的利益。

兑水啤酒：一些不法商贩将正规厂家生产的啤酒兑水装进小瓶中，冒充高档啤酒出售，此类假酒保存时间较短，特别是夏天更易产生细菌，严重伤害消费者的健康。

假冒啤酒：目前市场上一些较为知名的啤酒成为人们购买时的首选，因此一些小贩将一些无牌啤酒经换瓶、换包装后摇身一变成为知名的啤酒，并主要以小瓶对外出售，让消费者很难辨认。这类经过改装的啤酒较易滋生细菌，难以保鲜，消费者饮用时要谨慎。

掺假啤酒：市场上有一些假啤酒，一般用柠檬酸加小苏打产气，加洗衣粉产生泡沫，再配上香精、色素等原料制成。

"甲醛"潜规则

在啤酒的制造和储存过程中会生成絮状沉淀物，使酒变得混浊。对此，很多厂商往往使用稳定剂来消除沉淀物，甲醛因其"质优价廉"成为稳定剂首选。国内的标准规定每升啤酒里含0.2毫克甲醛，但目前国内啤酒的甲醛含量普遍超过此限量。据专家讲，甲醛已被国际癌症研究机构确定为可疑致癌物，甲醛的危害主要是针对肝脏，在夏季大量饮用含甲醛的啤酒会增加肝脏的负担，长期饮用还会影响生殖能力。

掺伪检验

感官鉴别

色泽鉴别

良质啤酒——浅黄色带绿，不呈暗色，有醒目光泽，清亮透明，无明显悬浮物。

劣质啤酒——色泽暗而无光或失光，有明显悬浮物和沉淀物，严重者酒体混浊。

泡沫鉴别

良质啤酒——倒入杯中时起泡力强，泡沫达1/2～2/3杯高，洁白细腻，挂杯持久。

劣质啤酒——倒入杯中稍有泡沫但消散很快；起泡者泡沫粗黄，不挂杯，似一杯冷茶水状。

香气鉴别

良质啤酒——有明显的酒花香气，无生酒花味，无老化味及其他异味。

劣质啤酒——无酒花香气，有怪异气味。

口味鉴别

良质啤酒——口味纯正，酒香明显，无任何异杂滋味。酒质清冽，酒体协调柔和，苦味细腻。

劣质啤酒——味不正，有明显的异杂味、怪味，如酸味或甜味，有铁腥味、苦涩味或淡而无味。

理化检验

啤酒中甲醛的检验

方法原理： 甲醛在过量乙酸铵的存在下，与乙酰丙酮和氨离子生成黄色的2,6-二甲基-3，5-二乙酰基-1，4-二氢吡啶化合物，在波长415nm处有最大吸收，在一定浓度范围，其吸光度值与甲醛含量成正比，与标准系列比较定量。

安全标准

2013年8月1日起实施的《食品安全国家标准　发酵酒及其配制酒》（GB 2758—2012）规定：啤酒甲醛残留量指标为小于或等于2mg/L，即1000mL啤酒里含有2mg甲醛。

83 身份作假和成分作假的 葡萄酒

事件盘点

🕐 2010年圣诞节,央视《焦点访谈》曾报道了"假葡萄酒"新闻,揭露了河北昌黎县一些葡萄酒厂家用柠檬酸来调酒的酸度,用苋菜红色素调酒的颜色,唯独没有造葡萄酒必备的葡萄原汁。在有"中国酿酒葡萄之乡"、"中国干红葡萄酒城"之称的昌黎县,已然形成造假酒的产业链。昌黎产的葡萄酒顿时名誉扫地,在全国各地纷纷下架。

揭秘不安全因素

葡萄酒是一种比白酒和啤酒更健康的酒饮料,随着人们愈加追求健康的生活方式和生活情调,选择喝葡萄酒的人越来越多。但市场上发现了多种形式的作假现象,给消费者带来了困扰。作假方式主要有:

成分作假:冒充名牌,不明就里的消费者很容易上当。有的厂商干脆直接把名牌商标拷贝过来,这是彻头彻尾的作假。

年份作假:在存放一两年的酒中加入少量年份酒进行勾兑。所谓十年、百年陈酿并不多见。

三精一水:是用酒精、甜味剂、葡萄香精等添加剂勾兑的葡萄酒。原料上缺少葡萄汁成分,也没经过酿造,因此根本不能称为葡萄酒,为了达到造假逼真效果,不法厂商在掺水后用柠檬酸来调酒的酸度,用苋菜红色素来调酒的颜色,用甜蜜素来调酒的甜度,贴上与知名品牌相似的包装来销售。

柠檬酸:属于食品合成着色剂,有着色力强、色泽鲜明、不易褪色、稳定性好等特点。当摄入量过大,超过肝脏负荷时,会在体内蓄积,对肾脏、肝脏产生一定伤害。

苋菜红:红褐色颗粒,偶氮类化合物,是一种人工合成色素,有致癌作用。

甜蜜素:是一种常用甜味剂,其甜度是蔗糖的30~40倍。如果经常食用甜蜜素含量超标的食品,就会因摄入过量对人体的肝脏和神经系统造成危害,特别是对代谢排毒能力较弱的老人、孕妇、小孩危害更明显。

掺伪检验

感官鉴别

"假洋鬼子"葡萄酒的鉴别

一看包装：原装进口葡萄酒酒瓶底部多呈凹陷锥形，这种设计不仅有利于瓶身平衡，还有滤渣功能。

二看标签：原装在酒瓶正面贴有进口国文字的正标，同时背面必须贴中文背标，标明葡萄酒的品名、原产国、生产厂家、生产日期等。

三品口感：原装略带水果香气与橡木桶陈酿的味道，而国内劣质的葡萄酒会出现刺鼻的香料味道与浓郁的酒精味。

四看报关单据：原装都要有《中华人民共和国海关进口货物报关单》和中华人民共和国出入境检验检疫局提供的卫生证书。

色素葡萄酒的鉴别

在一张白色餐巾纸上倒入少量葡萄酒，如果红色在纸巾上均匀扩散是真酒；如果红色不扩散，只是水迹扩散，扩散不均匀，并有环状的色素沉淀，便是色素勾兑。

理化检验

色素葡萄酒的理化检验

操作方法：倒一杯葡萄酒在透明的杯中，在其中加入少量盐酸和氢氧化钠，优质的葡萄酒遇酸颜色变深，而加入碱后颜色恢复原状。香精色素兑制的葡萄酒加入酸、碱都不会变色。（说明：可用白醋和食用碱代替酸和碱）。

安全标准

《食品添加剂使用标准》（GB 2760—2011）规定：姜黄素、胭脂红、柠檬黄、日落黄等人工合成色素主要用于饮料、配制酒、糖果等，姜黄素最大允许用量为0.7g/kg，胭脂红最大允许用量为0.05g/kg，柠檬黄最大允许使用量为0.1g/kg，日落黄最大允许使用量为0.1g/kg。

84 身陷"塑化剂"风波的白酒

📋 事件盘点

⏰ 2012年11月19日，21世纪网披露酒鬼酒"塑化剂超标"，国家质检总局公布检测结果，50度酒鬼酒塑化剂（DBP）最高检出值为1.04mg/kg。11月22日晚间，酒鬼酒官方做出正式回应："对近日发生的所谓酒鬼酒'塑化剂'超标事件给大家造成的困惑与误解表示诚挚的歉意"。但是，该公司同时声称，国际食品法典委员会、我国及其他国家均未制定酒类中DBP的限量标准，故不存在所谓"塑化剂"超标的问题，并对健康无损害。不仅如此，此事还令整个白酒行业陷入了危机，行业龙头茅台酒目前也陷在塑化剂检测的泥潭里。

⏰ 2012年11月29日，自称是茅台投资者的"水晶皇"表示，购买了一瓶200mL的53度飞天茅台，送香港一家化验中心去检测。12月9日"水晶皇"出具检测报告显示，送检茅台含有塑化剂超标，含量为DEHP 3.3mg/L。2012年12月13日，继茅台之后，五粮液、洋河等酒企也陷入塑化剂风波。

⏰ 2012年12月12日，卫生部卫生监督管理局局长苏志表示，对目前备受关注的白酒塑化剂风波，相关部门高度重视，正在开展调查工作。

📷 揭秘不安全因素

白酒主要是经过粮食发酵、蒸馏、储存、罐装几个环节，而塑化剂加入白酒之中，是为了增加酒类的黏稠口感，即有老酒的挂杯效果，留香更久，看上去提升了白酒的档次和品质。白酒产品中的塑化剂属于特定迁移，主要源于塑料接酒桶、塑料输酒管、酒泵进出乳胶管、封酒缸塑料布、成品酒塑料内盖、成品酒塑料袋包装、成品酒塑料瓶包装、成品酒塑料桶包装等。中国酒协表示，不同白酒生产企业、不同白酒产品的塑化剂含量各不相同；瓶装的成品酒，随着时间的推移，产品中的塑化剂含量会逐渐增高。

塑化剂：塑化剂是中国台湾的称呼，在内地俗称增塑剂，为邻苯二甲酸酯类物质，是工业上被广泛使用的高分子材料助剂。塑化剂作为一种材料助剂，在塑料加工中添加这种物质，可以使其柔韧性增强，容易加工，可合法用于工业用途。但塑化剂超标会损害男性生殖能力，促使女性性早熟，伤害免疫和消化系统。

✔ 掺伪检验

■ 理化检验

塑化剂（邻苯二甲酸酯）的测定（气相色谱质谱法）

方法原理： 各类食品提取、净化后经气相色谱–质谱联用仪进行测定。采用特征选择离子监测扫描模式（SIM），以碎片的丰度比定性，标准样品定量离子外标法定量进行检测。

安全标准

2011年6月卫生部签发的551号文件规定：邻苯二甲酸酯类物质是可用于食品包装材料的增塑剂，不是食品原料，也不是食品添加剂，严禁在食品、食品添加剂中人为添加。食品、食品添加剂中的邻苯二甲酸二(2-乙基己)酯(DEHP)、邻苯二甲酸二异壬酯(DINP)和邻苯二甲酸二正丁酯(DBP)最大残留量分别为1.5mg/kg、9.0mg/kg和0.3mg/kg。

■ 延伸阅读

白酒"塑化剂超标门"的专家观点

白酒中确实是检出了DBP等，但是要客观、理性地分析和看待：

这不是人为添加，白酒中发现的塑化剂是一种外源性的迁移污染，该类物质在正常的发酵生产中不会产生。同时，也没有科学证据表明需要添加塑化剂来提高白酒产品的品质。

含有塑化剂和产生危害是两个概念。"塑化剂"对人健康的影响取决于其摄进量大小和摄进时间。国际上动物实验研究表明，长期大剂量摄进"塑化剂"具有内分泌干扰作用和生殖毒性，但目前尚没有人体受危害的临床病例。

尽管目前国家没有专门针对酒类的标准来规定塑化剂的指标限量，但此次事件警示白酒行业应积极主动地展开自查，强化主动监测，消除一切造成塑化剂迁移污染的潜在可能。

85 自来水灌装的 天然矿泉水

📖 事件盘点

⏰ 2013年5月7日,"中国质量万里行"—扬州网报道,近日对北京地区1000余家使用桶装水的企业进行了调查,结果发现,50%以上被调查企业使用的桶装水为假水,且主要集中在五个品牌:农夫山泉、雀巢、乐百氏、燕京和娃哈哈。假水一般为自来水过滤或"地沟水"过滤,过滤后的水灌进真品牌的水桶里。

⏰ 2012年7月4日南报网消息,近日南京市民反映,在迈皋桥经五路壹城西区,有一个黑作坊,专门制作假矿泉水,直接将自来水灌装到瓶子里,进行塑封。食品质量管理处联合迈皋桥街道和当地派出所共同前往查处,现场发现了各类灌装工具,发现该黑作坊在制作假矿泉水的时候,灌装瓶均未进行消毒。警方随后通知了工商管理部门进行查处。

🔍 揭秘不安全因素

随着人们生活水平和保健意识的提高,天然矿泉水作为日常饮料已成为趋势。天然矿泉水是一种矿产资源,是来自地下深处的天然露出或人工开采的深层地下水,以含有一定的矿物质或二氧化碳气体为特征。此类水中含有一定的矿物质和人体所必需的微量元素,在通常情况下,其化学成分、流量、水温等动态指标在天然波动范围内相对稳定。如果长期饮用,对人体有较明显的营养保健作用。但有不少厂家或个体经营者,为了赚钱,用浅井水或自来水假冒天然矿泉水来销售。假水罐装的过程很少消毒,水桶只是一涮,或者连涮都不涮,水处理设备只有四五道,而正规的厂家最少也得经过24道以上的处理才能罐装。此外,假水的水源没有经过专业的鉴定,而正规的水厂应该是全面检测,水源有没有重金属超标、有没有化学物质、有没有污染,之后才能确定做桶装水的水源,但这个成本太高,假水厂根本做不起。假水喝起来有股腥味,且卫生状况极其恶劣,菌落总数和大肠菌群严重超标,饮用后会造成腹泻等身体的不适。

菌落总数:是指在一定条件下(如需氧情况、营养条件、pH、培养温度和时间等），每克（每毫升）检样所生长出来的细菌菌落总数。它是判定食品被污染程度的标志，反映了食品在生产过程中是否符合卫生要求，在一定程度上标志着食品卫生质量的优劣。

大肠菌群：指需氧及兼性厌氧、在37℃能分解乳糖产酸产气的革兰氏阴性无芽胞杆菌。一般认为该菌群细菌可包括大肠埃希氏菌、柠檬酸杆菌、产气克雷白氏菌和阴沟肠杆菌等。大肠菌群的高低，表明了粪便的污染程度，也反映了对人体健康危害性的大小。因为粪便内除一般正常细菌外，也会有一些肠道致病菌存在，食品中有粪便污染，则可以推测该食品中存在肠道致病菌污染的可能性。

掺伪检验

感官鉴别

看外观：正宗的饮用天然矿泉水无色、清澈透明，不含杂质，无混浊现象，并具有该矿泉水的特征口味，口感甘甜、清凉爽口。而用自来水假冒的"矿泉水"缺乏这种口感，并有漂白粉或氯气味。

看折光度：将矿泉水和自来水分别倒入两个相同的透明玻璃杯中，用一根竹筷子插入杯中作比较，折光率大的是真矿泉水。矿泉水的表面张力大于普通水，将矿泉水注满玻璃杯，其水面可以凸起。将一枚普通硬币轻放于水面，硬币可浮于矿泉水液面上，而不能浮于普通饮用水液面上。

安全标准

我国《饮用天然矿泉水》（GB 8537—2008）的标准中，不仅规定了矿泉水中重金属和污染物等的限量要求，也规定了一些有益矿物质的最低标准，还特别规定了"不得将原水用容器运至异地灌装"。

86 奶精调配的奶茶

📋 事件盘点

⏰ 2012年11月28日东方网讯，上海市民金小姐近日向东方网记者反映，自己喝了十多年的奶茶，直到今天才知道不少奶茶里根本不含奶，都是由奶精调配的。记者来到位于天钥桥路一家"快乐柠檬"连锁奶茶铺，一位销售人员指着柜台上两款奥丽奥的产品称，只有这两款用雀巢牛奶，加一元加鲜奶，否则就用奶精粉调制而成。记者随后走访多家奶茶铺才得知，原来奶精调制奶茶已是这个行业内公开的秘密。

⏰ 2011年10月7日新华网讯，宁德市蕉城区工商局有关负责人表示，据调查暗访，市面上现场制售的珍珠奶茶，很多只是用几种化学粉末勾兑而成，部分珍珠奶茶甚至含有塑料、芒硝和工业氯化镁等有毒化学品。

⏰ 2009年8月5日东北新闻网—《辽沈晚报》报道，近日晚报记者以加盟商和购货商的身份咨询珍珠奶茶制作过程，发现加盟商和材料批发商提供的制作材料大同小异。珍珠奶茶的主要成分是：果粉+奶精+珍珠粉圆，而在沈阳市南二批发市场，这三样东西都要在专供添加剂的批发商那里才能买到，这意味着珍珠奶茶中几乎没有天然成分，绝大多数都是添加剂勾兑而成，以至于有人戏称"珍珠奶茶"已成了"化工制品"。

🔍 揭秘不安全因素

纯正的奶茶应该是以红茶混合浓鲜奶加糖制成，珍珠奶茶在其中加入"珍珠果"。而目前在大街小巷一个个珍珠奶茶小店售卖的奶茶配方很简单：奶精、"塑料"珍珠果和糖精（或甜味剂）勾兑而成。珍珠奶茶用奶精勾兑，其实已是行业内谙熟的操作手段，不仅因为牛奶成本太高，还因为用牛奶调制出来的奶茶，味道还不如用奶精调制的奶茶更受欢迎。这种奶茶其实都是由奶精勾兑糖精或甜味剂，加上一些果粉或"珍珠果"（木薯粉），再加上水，摇匀即可。很多珍珠奶茶根本没有牛奶，也很少有蛋白质、维生素、钙、矿物质、纤维素等营养成分。珍珠奶茶的添加剂多，隐患多多。

奶精：是植物油脂经化学氢化反应提炼出来的，主要成分是糖、饱和脂肪和反式脂肪酸，不含有牛奶的钙质、维生素等营养成分，蛋白质含量低，脂肪含量却非常高。奶精的主要成分氢化植物油是一种反式脂肪酸，过量饮用易导致饮用者患心血管疾病。

甜蜜素：奶茶甜的关键在于"甜蜜素"。市场上有些甜蜜素违规添加了芒硝和工业氯化镁，长期食用将使人中毒。芒硝不属于食品添加剂，它是用来制造洗衣粉的原料，人食用芒硝会出现肠胃不适等症状。此外，食用工业氯化镁后可能会因重金属超标导致急性中毒和慢性危害。

"塑料"珍珠果：又称"珍珠粉圆"，外观晶莹剔透，内在营养价值高。本来应该是用木薯粉制成，但由于只用木薯粉根本做不到这么好的弹性和嚼劲，大部分珍珠奶茶除了添加木薯淀粉外，还加入小麦蛋白和人工合成高分子材料，也就是塑料。这已经成了行业内心照不宜的秘密。

掺伪检验

感官鉴别

看颜色：优质奶茶从外观上看，呈乳黄色或乳白色，添加其他辅料材料的奶茶会有添加材料的自然色，珍珠果粒大小差不多；劣质的奶茶，颜色过于鲜艳，其他辅助材料的奶茶颜色也极不自然；珍珠果或果粒不新鲜，有腐败的现象。

闻奶香：优质奶茶闻起来有浓郁的奶和茶的香味，口感温润，味道新鲜，有自然的果香味和奶香味；劣质的奶茶茶香味淡，有浓郁的香精味。

选品牌：目前市面上大部分奶茶与鲜奶或奶粉毫无关系，而是奶精、香精、色素、糖和淀粉珠的混合物，高糖、高油、高热量，没有营养价值而言；而一些品牌连锁店配料统一，且卫生部门监督管理比较到位，乱加添加剂的现象比较少。

安全标准

全国《食品添加剂使用卫生标准》（GB 2760—2007）规定：市面上包括现制果汁、奶茶等在内的各种食品制作都应按照该标准添加食品添加剂，对饮料中使用的色素、甜味剂等也有相应的严格限制。甜蜜素作为一种添加剂，不能加入儿童食品，且奶茶并不在甜蜜素可添加的食品范围内。

87 添加剂勾兑的 果汁饮料

添加剂

📋 事件盘点

⏰ 2011年2月21日《齐鲁晚报》报道，前不久，泰安市工商局泰山分局接到群众举报，在财源大街的一个果汁饮料摊点售卖的饮料有问题，工作人员赶到投诉的摊点处发现一箱果汁外包装有点异常，经检查，这些果汁的瓶盖稍有突起，瓶身也稍微有点胀。经相关部门化验，这些果汁饮料中原果汁含量低于5%，几乎是用香精、色素和水勾兑而成的。

🔍 揭秘不安全因素

果汁饮料是用果汁或浓缩果汁、糖液、酸味剂调制而成，原果汁含量不低于10%的产品，如橙汁饮料、桃汁饮料。现在商家"自主研发"能力越来越强，只要能降低成本和吸引消费者的目光，他们就不按照标准投料，用糖精代替白糖，用香精、色素代替果汁，用各种添加剂增加口感，出现了一批糖精、香精、色精混合的假果汁，坑害消费者。假果汁又称"颜色水"或"三精水"。"颜色水"一般是小贩自制的，为增加二氧化碳的含量，常加入小苏打，所以有苏打味。"三精水"为糖精、色素、香精配制的，口感较差，无果糖清甜爽快的感觉。

糖精：是一种甜味剂，是从煤焦油中提炼出来的化学品，为人工合成，本身并无营养价值，但甜度约为蔗糖的300倍，所以是应用较为广泛的一种甜味剂。

色素：人工合成色素是以煤焦油为原料制成的，成本低廉，色泽鲜艳，应用广泛。但是有些人工合成色素具有神经毒性或致癌特性，有些除本身或其代谢产物具有毒性外，在生产过程中还可能混进砷、铅等其他有毒物质。

香精：人工合成香精主要是从石化产品和煤焦油中提取的酸、醇、酚、醚、酯等类物质，由于配方及原料不同其香味也不同，有的有毒，有的没毒，不过多数无毒。若超量添加或长期食用，就会对身体健康带来极大的危害。

掺伪检验

感官鉴别

看颜色：正常的果汁饮料色泽自然、透明；勾兑的饮料颜色鲜艳。

闻气味：正常果汁饮料有自然的香味；勾兑的产品往往含有大量香精，使得产品香气浓郁，有酸味和涩味。

尝味道：正常果汁在品尝时甜味较淡，酸甜适宜；勾兑的产品味道不柔和，口感很刺激，有涩味。

品质感：正常果汁更加黏稠，会伴有果肉的沉渣，喝起来质感更好；勾兑饮料清澈、透亮，质感较差。

理化检验

假果汁饮料多以糖精、香精和色素兑成，因而可以通过检验糖精、香精和色素（柠檬黄）的有无来识别真假果汁：

糖精的定性检验

方法原理：糖精溶解于酸性乙醚中，蒸去乙醚，残渣用少量水溶解，可直接尝味；另外糖精与间苯二酚作用，产生特殊的颜色反应。

柠檬酸含量的检验（气相色谱法）

方法原理：样品中的柠檬酸用水提取后作甲基化处理，进气相色谱，通过氢火焰离子化检测器测得峰值，与标准样品峰值比较定量。

还原糖的测定

真的果汁中应含有还原糖，因而可以通过检验还原糖的有无来识别真假果汁。

方法原理：本法可查证真假果汁水、真假含果汁汽酒等。但以蜂蜜代替果汁的则出现假阳性，此时可用镜检法来检查其沉淀物中的花粉。

测定方法：取3mL饮料置于试管中，加裴林试剂甲液（取硫酸铜7g溶于水成100mL制成）、乙液（取酒石酸钾钠35g、氢氧化钠10g溶于水成100mL制成）各2mL，加热观察。如含有真果汁就呈砖红色沉淀，如无砖红色沉淀则为假果汁。

安全标准

我国《食品添加剂使用卫生标准》（GB 2760—2007）规定：市面上包括现制果汁、奶茶等在内的各种食品制作都应按照该标准添加食品添加剂，对饮料中使用的色素、甜味剂等也有相应的严格限制。

88 染色冒充新茶的陈茶

📋 事件盘点

⏰ 2011年3月25日中国普洱茶网消息：俗话说明前茶，贵如金，在清明节期间上市的新茶因其口感醇香绵和，产量又少，所以就格外珍贵。也就是每年此时，一些不法商贩会趁此时机，用工业颜料铅铬绿给陈茶染色，加工成卖相极佳的"新茶"，并喷上香精，冒充新茶来卖，这样的茶叶不仅没有真茶的清香和营养，其中的重金属铅含量还会很高，成为一种可怕的"毒茶叶"，对人体造成很大伤害。近日，上海、南昌、杭州、北京、郑州等地都出现了这种"翻新茶"。专家提醒，对于染色茶一定要提高警惕，对那些绿得过于鲜艳的茶叶，可取少量放在手心，用手指蘸点冷水捏一下茶叶，如果手指上留下了绿色的痕迹，就证明这种茶叶染过色。此外，如果茶水颜色碧绿，而且泡了几次后仍是碧绿色，这种茶叶就很可能是"染色茶"。

🔍 揭秘不安全因素

茶是人们非常喜欢的一种日常饮品，新鲜的春茶包含多种营养成分，是养生保健的佳品。但是也有些商贩在这上面做手脚，用陈茶染色冒充新茶来谋取暴利。给陈茶染色的是一种叫铅铬绿的工业颜料，用其加工茶叶是为了增加茶叶的绿度，使茶叶鲜亮翠绿更加好看，从而用来冒充新茶。实际上这种染色茶不仅没有茶的清香和营养，而且其中铅铬的含量很高，长期饮用这种茶水的话，会对人的肝脏、肾脏、胃肠道和造血器官等造成损害。

绿茶会被染色，花茶则有可能会被增香。由于当年没有销售出去的茶叶，经过空气的氧化，其独有的香味会因此变淡，一些茶叶商贩为了给陈茶增香，就会在茶叶里喷洒一些香精。一般给不同种类的花茶添加相应口味的香精，例如茉莉花茶添加茉莉香型的香精，菊花茶添加菊花茶香型的香精，这种茶被称为香精茶。茉莉香精和菊花香精属于植物型香精，一般都是由植物浓缩萃取而成的，但是一些商贩为了降低成本，会使用一些由化学物质萃取的廉价香精，人体长期服用会对中枢神经肝肾等器官造成损害。

铅铬绿：一种工业颜料，有毒，主要用于油漆、涂料、塑料、纸张生产，具有很强的着色能力，不易褪色。但是，铅铬绿中的铅、铬等重金属元素具有毒性，摄入人体将造成危害，因此不能食用。

香精：人工合成香精主要是从石化产品和煤焦油中提取的酸、醇、酚、醚、酯等类物质，由于配方及原料不同其香味也不同，有的有毒，有的没毒，不过多数无毒。若超量添加或长期食用，就会对身体健康带来极大的危害。

掺伪检验

感官鉴别

绿茶染色鉴别

看外观：正常的绿茶色泽比较柔和鲜艳，加了铅铬绿的茶叶发黑、发青、发绿、发暗。

闻味道：染色加工的茶叶气味异常，非常刺鼻，正常的茶叶有一股淡淡的茶香。

品口味：在口味上，正常的茶能够真正让人生津止渴，而染色的茶叶则会让人越喝越渴。

选商家：要到有信誉的商家购买，并注意包装上的生产厂家、保质期等内容，不能贪便宜到一些路边小店，购买来路不明的茶叶。

开水泡：用开水将茶叶泡开后，正常的绿茶看上去柔亮鲜艳，闻起来有股清香，口感鲜爽；染色的看上去比较黄暗、混浊，喝起来还有陈气。

花茶增香鉴别

看油迹：正常花茶不含"油"，而"香精茶"放在吸水性较好的软纸上按一下就会显出斑斑点点的油迹。

理化检验

染色茶叶中铅铬含量的测定方法有：

原子吸收法（AAS）；

紫外分光光度法(UV)；

电感耦合等离子体法（ICP）；

电感耦合等离子质谱法（ICP-MS）。

安全标准

根据绿茶制作的国家标准，绿茶不得着色，不得添加任何非茶类物质，当然也是绝对不允许添加色素。国家卫生标准规定的茶叶铅含量应≤5.0mg/kg。

第 11 章　干制品类

89 抛光美容的 有毒瓜子

事件盘点

⏰ 2013年2月15日，上海卫视新闻"七分之一"栏目播出调查报道《年货的秘密》，曝光安徽、江苏生产的瓜子染色、添加工业滑石粉现象，上海市质监局也对市内所有炒货生产企业进行了地毯式"搜索检查"。

⏰ 2012年1月16日西部网报道，有群众反映，在西安市未央区阁老门村有一个生产瓜子的黑作坊，用石灰清洗瓜子。未央区质监局的执法人员对这个作坊进行了检查，并封存了黑作坊加工瓜子的原料和成品包装。

揭秘不安全因素

茶余饭后吃的休闲小食品中，瓜子总是不会缺席。不法商贩尤其是小摊贩为了使瓜子的卖相好，使用石灰清洗生瓜子，并且在炒制的过程中添加工业滑石粉、明矾、工业石蜡等材料使瓜子保持良好的外观和口感。一些比较新潮的多味瓜子更是受到不少人的青睐。多味瓜子一般是葵花子在加工时添加了人工合成香料、香精、糖精、精盐等调味品炒制而成的。若经常食用或大量食用，会有诱发癌症的可能。目前市场上的炒货大多为个体户炒制，其配方及工艺根本无从监管。

明矾：即十二水合硫酸铝钾，是含有结晶水的硫酸钾和硫酸铝的复盐。溶于水，不溶于乙醇。明矾中含有的铝对人体有害，长期食用会引致记忆力衰退、痴呆等严重后果。用明矾煮瓜子能吸水，可以使瓜子不容易受潮变软，保持好的口感。

糖精：是一种甜味剂，是从煤焦油中提炼出来的化学品，为人工合成，本身并无营养价值，但甜度约为蔗糖的300倍，所以是应用较为广泛的一种甜味剂。

色素：人工合成色素是以煤焦油为原料制成的，成本低廉，色泽鲜艳，应用广泛。但是有些人工合成色素具有神经毒性或致癌特性，有些除本身或其代谢产物具有毒性外，在生产过程中还可能混进砷、铅等其他有毒物质。

香精：人工合成香精主要是从石化产品和煤焦油中提取的酸、醇、酚、醚、酯等类物质，由于配方及原料不同其香味也不同，有的有毒，有的没毒，不过多数无毒。若超量添加或长期食用，就会对身体健康带来极大的危害。

石灰水：澄清石灰水指氢氧化钙稀溶液，浑浊石灰水则指碳酸钙和氢氧化钙的水溶液。

滑石粉：为白色或类白色、微细、无砂性的粉末，手摸有油腻感，其主要成分为硅酸镁，若长期食用会导致口腔溃疡和牙龈出血，直接威胁身体健康。炒制瓜子时加滑石粉，是为了给瓜子"抛光"，使炒出来的瓜子光滑好看。

✔ 掺伪检验

■ 感官鉴别

看外表：良质瓜子粒片或子粒较大，均匀整齐，无瘪粒，干燥洁净，劣质瓜子有严重的霉变或虫蛀。选购瓜子时色泽太过鲜亮的尽量不要选，有可能是色素染色的；瓜子表面好像上了一层蜡的，还有白色粉末的，有可能是加了滑石粉和石蜡，要谨慎食用。

尝味道：良质瓜子口味清香，劣质瓜子有异味，不可食用。味道过甜或过咸的瓜子都要谨慎食用，在吃瓜子的时候，不要全部放入嘴巴品尝，而是嗑一下就吐掉。

选品牌：路边售卖的散装瓜子可能细菌超标，质量难以保证，尽量不要购买。最好选择包装好的、有质量保证的品牌瓜子，虽然这些瓜子炒制过程中也会添加一些添加剂，但基本会符合国家标准；或者尽量选择原味瓜子，少吃多味瓜子。

安全标准

国家标准《食品中可能违法添加的非食用物质和易滥用的食品添加剂名单》规定：明矾、工业盐、工业石蜡、滑石粉等不属于食品添加剂，不能添加到食品中。国家质量监督检验检疫总局发布的《炒货食品及坚果制品》（CCGF 110—2010）规定了炒货产品（包括瓜子）的质量监督抽查实施规范。

90 熬制化学药品泡发的问题木耳

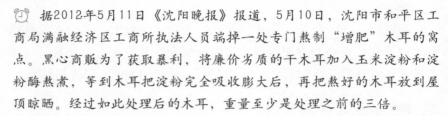

事件盘点

据2012年5月11日《沈阳晚报》报道，5月10日，沈阳市和平区工商局满融经济区工商所执法人员端掉一处专门熬制"增肥"木耳的窝点。黑心商贩为了获取暴利，将廉价劣质的干木耳加入玉米淀粉和淀粉酶熬煮，等到木耳把淀粉完全吸收膨大后，再把熬好的木耳放到屋顶晾晒。经过如此处理后的木耳，重量至少是处理之前的三倍。

揭秘不安全因素

木耳在国内外都是很受人们欢迎的黑色食品，享有"素中佳肉"的美誉。市场上销售的一些木耳存在着掺杂掺假的情况，一些不法商贩为了增加木耳的重量，将木耳泡发后，掺入硫酸镁、卤水、明矾、铁粉等有害物质后，再将木耳烘干。一些商贩还会加入定型剂，使晒出来的木耳保持出色的卖相。为了避免经化学药品处理后的木耳有不良口感，黑心商贩还会在木耳中加糖，这样做同样能起到染色和增重的作用。这些木耳中掺杂的化学品大多是国家禁止在食品加工中添加和使用的，食用后对人体危害极大。

硫酸镁：呈粉尘状，对黏膜有刺激作用，长期接触可引起呼吸道炎症，误服有导泻作用，肾功能障碍者可致镁中毒，引起胃痛、呕吐、水泻、虚脱、呼吸困难等。因此国家禁止在食品加工中添加和使用硫酸镁。

定型剂：定型剂是一种化工原料，是一种强腐蚀剂，如果在食品里残留，可腐蚀消化系统，引起肝、肾疾病。

卤水：俗名为盐卤，是氯化镁、硫酸镁和氯化钠的混合物。卤水对皮肤及口腔、食管黏膜腐蚀作用很强烈，口服后即出现胃部烧灼感、恶心呕吐、口干、痉挛性腹痛、腹胀、腹泻，可伴有头晕、头痛、皮肤出疹等症状。

明矾：即十二水合硫酸铝钾，是含有结晶水的硫酸钾和硫酸铝的复盐。溶于水，不溶于乙醇。明矾中含有的铝对人体有害，长期食用会引致记忆力衰退、痴呆等严重后果。

🍎 掺伪检验

■ 感官鉴别

看色泽：耳面乌黑有光泽，耳背灰白的为佳品。耳面菱黑无光泽为次品。耳面灰黑呈褐色的为劣品。如耳内外面均发黑或为棕褐色，耳面有白霜或粉状物的为掺糖或掺硫酸镁的假货。

观朵形：朵大整齐舒展、体轻、水发胀性好的为优质品。朵小、耳卷、体重的为次品。朵碎不重、体重、质硬的为掺假品。

查组织：质脆易折断、松散、个体分散好、组织纹理清晰的为优质品。手感韧硬，表面有粉末，分散性差，有黏结现象的为掺假品。

尝味道：真品无涩、无味，气味微香。掺糖的有甜味，掺食盐的有咸味，掺硫酸镁的有苦味，掺矾硝溶液的有涩感。

■ 理化检验

吸水量试验

操作方法：取检样5g，加入200mL 50℃水，搅拌后于室温下放置30分钟，将浸泡液倒入量筒中，计算吸水的体积$V=(V_1-V_2)/m$；正常木耳吸水量≥10mL/g。

减重率试验

操作方法：将浸泡过的木耳吸水后，用水冲洗数次，并沥干，在105℃下烘至恒重，计算减重率，减重率越大，说明不可食的部分、杂质、水分越多。吸水后的木耳的减重率≤20%。

掺盐卤的检验

镁离子的检验原理：镁离子与碱反应生成白色的氢氧化镁沉淀溶液中不溶，但在氯化铵中溶解。

硫酸根离子的检验原理：硫酸根离子和钡离子反应生成白色沉淀，不溶于任何强酸。

掺铁粉的检验

操作方法：取滤纸上的残渣少许于试管中，加稀盐酸，微沸，加水和硫氰酸胺晶粒，摇匀，如显红色，表示有铁存在。

安全标准

国家标准《黑木耳》（GB/T 6192—2008）规定：木耳的理化指标包括杂质不得超过1%，水分不得超过14%，灰分不得超过6.0%。

91 暗藏黑幕的 白银耳

📠 事件盘点

⏰ 2013年2月1日，据中国经济网报道，广州市工商局公布了一批蔬菜制品抽检情况，发现茂源牌等6批次银耳存在二氧化硫残留量超标问题。这6批银耳产品分别是：广州市茂源贸易有限公司的茂源牌银耳，广州市白云区松洲大飞木耳食品经营部和大飞木耳行的散装银耳，广州市白云区松洲俊誉干货商行的散装原色雪耳，英昌商行的散装雪耳，东莞市大岭山再南干货批发部的散装雪耳。

🔍 揭秘不安全因素

银耳又称白木耳、雪耳、银耳子等，有"菌中之冠"的美称。银耳中含有蛋白质、脂肪和多种氨基酸、矿物质，营养成分相当丰富。为追求食品良好的外观色泽或延长贮藏期限，或掩盖劣质产品，少数不法商家不顾标准限制，超量用硫磺熏制银耳，把银耳熏成比较好看的颜色，以求卖得更好。硫磺燃烧产生的二氧化硫会直接残留在银耳中，食用后会对人体的呼吸道产生强烈的刺激作用，出现腹泻、呕吐、恶心等症状。经常吃这种银耳会出现慢性中毒。

硫磺：是一种化工原料，硫磺燃烧能起漂白、保鲜作用，使物品颜色显得白亮、鲜艳。硫磺燃烧后能产生有毒的二氧化硫，会毒害神经系统，损害心脏、肾脏功能。我国规定仅限于干果、干菜、粉丝、蜜饯、食糖的熏蒸。

二氧化硫：是一种食品添加剂，具有漂白、防腐等功能。食品中添加二氧化硫有严格的使用范围和使用量，仅用于干货、糖果等食品中，被禁止用来"漂白"生鲜食品。超量或长期使用，可破坏人体维生素，易发骨髓萎缩、肺气肿和哮喘等疾病，严重的还会引起神经类疾病甚至致癌。

⚙ 掺伪检验

■ 感官鉴别

看外观：一级品耳片色泽呈金黄色，有光泽，朵大体轻疏松，肉质肥厚，坚韧而有弹性，蒂头无耳脚、黑点，无杂质等。干耳浸水后，膨胀率可达10倍以上。二级品耳片色白略带米色，朵大体松，有光泽，肉质较厚带有弹性，小朵不应超过10%~15%，蒂头稍带耳脚。干耳浸水后，膨胀率在10倍以上。没有经过硫磺熏蒸的银耳颜色是很自然的淡黄色。

　　闻气味：品质新鲜的银耳，应无酸、臭、异味等，好的银耳闻起来，应该是自然芳香，如果能闻到刺激的气味，就可能是经过硫磺熏制的，建议不要购买。

　　尝味道：银耳本身应无味道，选购时可取少许试尝，如对舌头有刺激或有辣的感觉，证明这种银耳是用硫磺熏制做了假的。

■ 理化检验

　　二氧化硫及亚硫酸盐的测定方法：盐酸副玫瑰苯胺比色法

　　方法原理：亚硫酸盐或二氧化硫，与四氯汞钠反应生成稳定的络合物，再与甲醛及盐酸副玫瑰苯胺作用生成紫红色物质，其色泽深浅与亚硫酸含量成正比，可比色测定。

　　操作方法：将样品及二氧化硫标准管中加入四氯汞钠吸收液至10mL，然后再加入1mL氨基磺酸胺溶液（12g/L）、1mL甲醛溶液（2g/L）及1mL盐酸副玫瑰苯胺溶液，摇匀，放置20min，用分光光度计于波长550nm处测定吸光度，绘制标准曲线比较定量。

安全标准

　　《银耳卫生标准》（GB 11675—2003）规定：银耳的理化指标包括，水分≤12g/100g，铅≤2mg/kg，总砷≤1.5mg/kg，总汞≤0.6mg/kg，米酵菌酸≤0.25mg/kg。

　　《食品添加剂使用卫生标准》（GB 2760—2011）规定，银耳中的二氧化硫残留量的最高允许值为0.05g/kg。

■ 延伸阅读

　　怎么吃银耳安全

　　二氧化硫易溶于水，所以食用前可以先将银耳浸泡3~4h，期间每隔1h换一次水。烧煮时，应将银耳煮至浓稠状。一般而言，经过浸泡、洗涤、烧煮之后，可以大大减少、甚至完全消除银耳中残留的二氧化硫。

92 熏蒸美容的 毒香菇

毒香菇

事件盘点

⏰ 2012年4月19日，据中国水处理化学品网报道，四川省工商局公布的干杂品质量抽检结果显示，干制食用菌中甲醛、二氧化硫残留量超标严重。标称"重庆巴山通江银耳开发有限公司"生产的"巴山野生香菇"、标称"四川省广元市青川县野生植物食品厂"生产的"山客香菇"等产品甲醛超标；标称"厦门市两岸情工贸有限公司"生产的"两岸情猴头菇"等产品二氧化硫残留量超标。

揭秘不安全因素

香菇是含有多种营养价值的一种食用菌，其口味鲜美，口感细嫩，历来是人们的席上佳肴。干制香菇是指经烤、烘等工艺加工，供人食用的菌类产品。一些生产者在香菇的储藏销售过程中为了保鲜采用甲醛薰蒸或者喷洒，为了防止香菇蛾等虫害，也在贮藏前使用二硫化碳熏蒸贮藏室，但之后没有有效地排除余气，造成干制香菇中甲醛和二氧化硫残留超标。还有些不法商贩低价收购劣质或腐烂的香菇，以甲醛、二氧化硫等泡制，以次充好，欺瞒消费者的同时也带来了很多健康隐患。

二氧化硫：是一种食品添加剂，具有漂白、防腐等功能。食品中添加二氧化硫有严格的使用范围和使用量，仅用于干货、糖果等食品中，禁止用来"漂白"生鲜食品。超量或长期使用，可破坏人体维生素，易发骨髓萎缩、肺气肿和哮喘等疾病，严重的还会引起神经类疾病甚至致癌。

甲醛：为无色、有刺激性气味的气体，易溶于水，其35%～40%的水溶液俗称"福尔马林"，常用在消毒、熏蒸和防腐过程中。经甲醛浸泡的水产品颜色过白、手感较韧、口感较硬。甲醛除了会引起刺激性皮炎，还会对人的呼吸器官黏膜产生强烈刺激作用，并对人体的中枢神经系统有强烈伤害。人体长期微量摄入会影响生育，甚至致癌。

掺伪检验

感官鉴别

观形态：花菇的质量最好，另外，香菇的菌盖厚的、完整的、以不全开启的为好；菌褶整齐细密的，菌柄短而粗壮的，边缘内卷、肥厚的为好。

看色泽：具有香菇特有的色泽，多为黄褐色或黑褐色，色泽鲜明亮丽的为好；菌褶颜色以淡黄色至乳白色的为好。

闻香味：好的香菇具有浓郁的、特有的香菇香气；无香味，或有其他怪味、霉味的品质就差。

查含水量：干香菇要干燥，含水量以11%~13%为宜；太干，一捏就碎的，品质不好。太湿不利于存放，易变质。

理化检验

甲醛含量的测定

方法原理： 在中性条件下，将溶于水中的甲醛随水蒸馏出，在沸水浴中，馏出液中甲醛在乙酸-乙酸铵缓冲液介质中，与乙酰丙酮生成稳定的黄色化合物，冷却后在412nm处测其吸光度，外标法定量。

二氧化硫的测定

方法原理： 亚硫酸盐或二氧化硫，与四氯汞钠反应生成稳定的络合物，再与甲醛及盐酸副玫瑰苯胺作用生成紫红色物质，其色泽深浅与亚硫酸含量成正比，可比色测定。

操作方法： 将样品及二氧化硫标准管中加入四氯汞钠吸收液至10mL，然后再加入1mL氨基磺酸胺溶液（12g/L）、1mL甲醛溶液（2g/L）及1mL盐酸副玫瑰苯胺溶液，摇匀，放置20min，用分光光度计于波长550nm处测定吸光度，绘制标准曲线比较。

安全标准

2012年中国质检总局暂定香菇甲醛的限量标准，其中鲜香菇不高于63mg/kg，干香菇不高于300mg/kg。

我国《食品安全国家标准食品添加剂使用标准》（GB 2760—2011）规定：食用菌中二氧化硫残留量不得超过0.05g/kg。

93 催熟的
问题核桃

核桃

📋 事件盘点

⏰ 2011年8月3日，据中国新闻网报道，在西安市胡家庙水果批发市场里，销售核桃的商贩为了给核桃脱皮方便，使用了催熟剂乙烯利，其中有些卖相好的核桃还使用了次氯酸钠等漂白剂进行了漂白，药剂的量和浓度控制不好都会对人体产生危害。

⏰ 2011年8月26日，山东电视台报道，8月下旬正是鲜核桃上市的季节，泰安的薛某从集市上买了一些刚下的核桃尝鲜，然而吃下肚后却导致腹疼拉肚子的症状。据薛某回忆，她购买的核桃里面成黑色，还有一种奇怪的味道，而一些市民称，有些商贩为了让核桃容易去皮，会给核桃喷洒一些药物。随后记者去一户种植核桃的农户家进行了暗访，原来为了使核桃容易扒皮，农户们会给核桃浸泡一种名为"去皮剂"的药水，而对于一些还没完全成熟的核桃，为了尽快上市，他们也会使用"离骨粉"（催熟剂）进行催熟。

📷 揭秘不安全因素

核桃既可生食、炒吃，也可以榨油、配制糕点、糖果等，不仅味美，而且营养价值也很高，被誉为"万岁子"、"长寿果"。有些刚刚上市的核桃未长到自然成熟落地，人工采收后带有一层青皮，卖相不好，为了迎合消费者的喜好，核桃经营户在核桃采收后的脱青皮环节就用5000ppm的乙烯利处理核桃青果，以保证脱皮后的核桃壳面洁净。一般核桃在晾晒的时候都会沾上泥土和黑垢，要想卖相好就要将核桃放进漂白液或次氯酸钠液中进行漂白。这些具有腐蚀作用的药剂会将核桃的表皮组织腐蚀掉，但如果药物比例或密封时间控制不好，药剂就会渗透到核桃内部，危害人体健康。

乙烯利：有机化合物，纯品为白色针状结晶，工业品为淡棕色液体。乙烯利水剂是一种低毒激素类催熟农药，是优质高效植物生长调节剂，具有促进果实成熟、刺激伤流、调节性别转化等效应。其使用应控制在一定剂量内，过量使用的话，会导致农作物上的残留量过高，有致癌、诱发孩子早熟的可能。

次氯酸钠：是一种白色粉末，主要用于纤维、纸浆中的工业漂白剂。其氯消毒能力强，水溶液会产生游离氧，显示强氧化、漂白、杀菌作用。一般市售品的有效氯含量为4%~6%，浓度高时对黏膜有刺激。

掺伪检验

感官鉴别

看颜色：优质核桃色泽光鲜；漂白核桃表面较为白净，但毫无光泽。

掂重量：拿一个核桃掂掂重量，轻飘飘的没有分量，多数为空果、坏果。

闻味道：挑选几个闻一闻，陈果、坏果有明显的哈喇味。

听声音：把核桃从一米左右的高度上扔在硬地上听声音，空果会发出像破乒乓球一样的声音，大量购买的时候，一定要用手在大堆的核桃堆里多扒拉几下，听听声音。

理化检验

乙烯利的测定

方法原理：用甲醇提取样品中乙烯利，经重氮甲烷衍生成二甲基乙烯利，用带火焰光度检测器（磷滤光片）的气相色谱仪测定，外标法定量。

安全标准

我国《食品安全国家标准食品中农药最大残留限量》（GB 2763—2012）规定：番茄、皮籽可食的热带及亚热带等水果中，乙烯利的最大残留量为2mg/kg。

延伸阅读

怎么吃核桃更健康

如果你在减肥，核桃中的有益脂肪(每盎司2.6克的α–亚麻酸)，脂肪(每盎司2克)和蛋白质（每盎司4g）能增加饱腹感，不过每天控制手抓一把的分量就足够了。

为确保核桃的最佳口感和新鲜度，应将其放置在密封容器内存放于冰箱中，若想储存一个月或更长的时间，则需存放在冷冻箱中。

94 工业石蜡抛光的 糖炒栗子

抛光糖炒栗子

📋 事件盘点

⏰ 2009年8月30日，记者为了亲身揭开糖炒栗子这一行业内幕，打入糖炒栗子商贩的内部进行暗访，发现那些不法商贩把栗子浸泡在兑了糖精的水里先浸泡一段时间，栗子不仅更甜，重量还能增加。然后，在炒栗子时，他们加入糖稀，再把捻碎的工业石蜡加进锅里，搅拌后栗子马上变得油光发亮，卖相如此好的糖炒栗子吸引了众多的消费者。但是人们吃过这种被污染的栗子后，会对身体造成伤害，严重者会导致脑部神经以及肝脏等器官的病变。

🔍 揭秘不安全因素

香甜味美的栗子，自古就作为珍贵的果品，是干果之中的佼佼者，香喷喷的糖炒栗子更是受到大家的青睐，殊不知街头一些油光发亮的糖炒栗子却是经过工业石蜡和糖精水"美容"过的。一些不良商贩为降低成本，会使用两种方法为栗子进行"包装"：一是用糖精水浸泡增甜，给生板栗开个小口，放到糖精水中浸泡一段时间，不仅能让板栗变甜，还能增加重量。此外，为了让栗子看起来颜色好，有些商贩就会用工业蜡上色。炒制过程中加入石蜡，可以使栗子带上亮丽光泽，油光发亮的卖相也容易吸引食客。如此"美容"过的栗子含有一定的有害成分，对人的呼吸道和消化系统有危害，可能引发疾病。

糖精：是一种甜味剂，是从煤焦油中提炼出来的化学品，为人工合成，本身并无营养价值，但甜度约为蔗糖的300倍，所以是一种应用较为广泛的一种甜味剂。但人体摄入过量会对肝脏和神经系统有一定的危害。

工业石蜡：是碳原子数为18~30的烃类混合物，主要组分为直链烷烃（为80%~90%）。石蜡是原油蒸馏所得的润滑油馏分，经溶剂精制、溶剂脱蜡或经蜡冻结晶、压榨脱蜡制得蜡膏，再经脱油，并补充精制制得的片状或针状结晶。工业石蜡在制备过程中混有多环芳烃或稠环芳烃，对人体有害，可导致肺癌、皮肤癌等疾病的发生，用工业石蜡是给糖炒板栗抛光的一种有害的处理方法。

掺伪检验

感官鉴别

看外观：加了石蜡的糖炒栗子，刚出炉时栗壳呈鲜亮油光状甚至反光，凉了则会泛白。如果放到清水里，会有油状物漂浮，长时间放置后也不会褪去色泽。如果糖炒栗子个大饱满、光可鉴人，尤其要引起注意，极有可能是浸泡发胀后再添加石蜡的效果。

摸手感：正常的糖炒栗子，加入的糖在焦化后会残留在栗壳上，因而摸起来粘手。如果使用石蜡，则摸起来会打滑。糖炒栗子用手一搓，附着在上面的糖和油会搓掉，露出栗壳原来的样子，而加了石蜡的糖炒栗子会越搓越亮。

尝味道：正规方法做出的糖炒栗子，吃起来又糯又甜，软软面面，有栗香的回味。加了糖精的则会甜得没有栗子味并且发涩，糖精的甜味在嘴里留存时间短、没有回香，甚至在回味时会发苦，即人们所说的"苦尾"。

理化检验

掺入甜味物质糖精钠的检测（高效液相色谱法）

方法原理：样品经加温除去二氧化碳和乙醇后，调节pH至近中性，过滤后进高效液相色谱仪。经反相色谱分离后，根据保留时间和峰面积进行定性和定量。

安全标准

我国《食品安全国家标准　食品添加剂使用标准》（GB 2760—2011）规定：糖精钠用于带壳熟制坚果与籽类最大用量不超过1.2g/kg；而工业石蜡是绝对不能添加在食品中的。

延伸阅读

怎么吃栗子才安全？

新鲜栗子容易变质霉烂，吃了发霉栗子会中毒，因此变质的栗子不能吃。在选购栗子时，不要一味追求果肉的色泽洁白或金黄。金黄色的果肉有可能是经过化学处理的栗子。炒熟后或煮熟后果肉中间有些发褐，是栗子所含酶发生"褐变反应"所致，对人体没有危害。

95 多种手段造假的 问题燕窝

📋 事件盘点

⏰ 2013年3月11日中国新闻网消息,江苏省质量技术监督局公布2012年十大 "打假" 案例,在无锡市红日保健食品厂非法生产 "营养" 食品案中,该厂自2009年4月起,生产未加入燕窝等营养成分的非法饮品,对外以 "金丝燕窝"、"虫草燕窝"、"雪蛤燕窝"、"泰国燕窝" 等销售。法院以生产、销售伪劣产品罪判处经营者庞某有期徒刑一年,并处罚金人民币14万元。

🔍 揭秘不安全因素

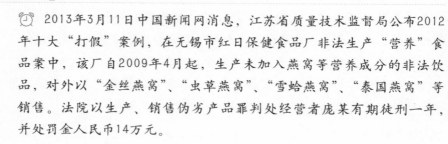

燕窝又称燕菜、燕根、燕蔬菜,为雨燕科动物金丝燕及多种同属燕类用唾液与绒羽等混合凝结所筑成的巢窝,燕窝的营养较高,是中国传统名贵食品之一。由于燕窝如此名贵,不少商贩采取多种手段假造仿冒,以次充好。常见的造假方式有:第一染色,将卖相不好的燕盏染成血燕盏和黄燕盏;第二漂白,将深褐或杂黑颜色的燕窝用双氧水全部或部分漂白;第三掺涂胶体,将薯粉、鱼胶、果胶、猪皮胶、海藻胶、树脂等掺涂在燕盏表面,令燕盏看起来光亮厚密,增加重量;第四掺粘,将劣质的毛燕、草燕、燕饼掺粘到优质的燕窝上增加重量。如此造假使得原本有保健功效的燕窝不仅失去了原有的营养,还掺杂了很多对人体有害的因素。

亚硝酸盐:是一种白色不透明结晶的化工产品,是常用的发色剂,在食品生产中用作食品着色剂和防腐剂,人体长期食用含过量亚硝酸盐的食品将会增加患癌风险。

双氧水:即过氧化氢,是一种强氧化剂,添加到食品中可起漂白、防腐和除臭作用,可提高食品外观。双氧水在烧灭绒毛等杂质的同时,也会钙化燕窝的活性蛋白,所以严重影响了其功效,尤其是燕条、燕碎等需反复漂洗的干品,其营养已经消失殆尽。

胶体:如果是用鱼胶等纯天然的食用树脂黏合,对人体倒没有太大危害。但如果是用其他合成树脂的，可以肯定是有危害的。

掺伪检验

感官鉴别

漂白燕窝的鉴别方法：将经过漂白的燕窝浸入水中即取出，约半分钟后，用拇指及食指擦摸数次，手指会粘有化学药品的臭味且漂白的燕窝炖煮后涨率不大，易化水，无天然的蛋清味。

涂胶燕窝的鉴别方法：将涂上胶质的燕窝浸入水中即取出，约半分钟后，用拇指及食指擦摸数次，手指会感受黏性，有时会嗅到化学药品味道。

染色燕窝的鉴别方法：这类假血燕假黄燕炖制一、二小时后，其质地软烂如白燕，红色或黄色尽失效于水。而真正的血燕及黄燕，由于是天然的颜色，一般炖制后不会变色。

燕窝选购要点

看外观：燕窝中间为丝状结构，燕角部位是片状结构；纯正的燕窝无论在浸透后或在灯光下观看，都不完全透明，而是半透明状。

闻气味：燕窝有特有馨香，但没有浓烈气味。气味特殊，有鱼腥味或油腻味道的为假货。

摸手感：取一小块燕窝以水浸泡，松软后取丝条拉扯，弹性差，一拉就断的为假货；用手指揉搓，没有弹力能搓成糊糊状的也是假货。一般完全发开来后没有弹性，如果还有很好的弹性那也是假货。

小实验：用火点燃干燕窝片，有飞溅的火星，这是蛋白质燃烧的结果，灰烬是黑的，不是网上误导的白灰。

理化检验

燕窝的分子生物学鉴别方法——实时荧光PCR法和双向电泳法

方法原理：对样品进行DNA提取，通过实施荧光PCR，检测其中是否含有燕窝特异性基因序列，达到对燕窝成分定性检测的目的。

安全标准

卫生部最新发布的国家强制性标准《食品添加剂使用标准》（GB 2760—2011）规定，亚硝酸盐仅允许在腌、熏、酱、炸等熟食肉制品有微量残留，限量仅为30mg/kg，最高熏制火腿残留量也不得超过70mg/kg。

第十章 糖和蜂产品类

96 二氧化硫超标的问题白糖

□ 糖

📋 事件盘点

⏰ 2013年7月1日厦门网—《厦门日报》讯，6月，北京市食品办通报的7种不合格食品中，给人感觉"甜蜜蜜"的糖，也陷入了"二氧化硫超标"门，为了漂白、延长上柜期，规模不小的北京制糖品牌企业"厨大妈"单晶冰糖因二氧化硫超标，残留量实测值是标准值的5.8倍而被下架。据业内人士讲，"几乎有一半以上的糖都有'漂白'的情况，无论是白糖还是冰糖，从生产加工到防腐都要用到二氧化硫，用它可以去除泥沙、重金属等原料中的杂质，糖中的二氧化硫残留难以控制，超过国家标准的大量存在"。

🔍 揭秘不安全因素

白糖是由甘蔗和甜菜榨出的糖蜜制成的精糖，按生产工艺的不同可分为硫化糖和碳化糖两种。一些糖厂在工艺、设备或管理方面有不妥之处，使白糖残留二氧化硫量超标。另外白糖在生产、包装、运输、贮存过程中，很容易污染上病原微生物，尤其是存放一年以上，颜色变黄的白糖，往往会受到螨虫的污染。个别小商贩为了追求高额利润，还存在往白糖中添加劣质葡萄糖冒充纯绵白糖出售的情况。这些白糖掺假的现象不仅使白糖的品质受到影响，还给消费者带来很多健康隐患。

二氧化硫：一些糖厂的白糖二氧化硫偏高，常见的原因有：糖浆硫熏量偏大；澄清处理不好，清汁残留二氧化硫偏高；滤汁质量差，增加了入罐清汁的二氧化硫量；蔗糖结晶质量不好，晶体的缺陷多，细晶粒多。二氧化硫是食品加工中常用的漂白剂和防腐剂，但必须严格按照国家有关范围和标准使用，否则会影响人体健康。

葡萄糖：纯净的葡萄糖为无色晶体，有甜味但甜味不如蔗糖，葡萄糖是可以直接由小肠吸收的，市民如果长时间食用掺入葡萄糖的白糖，极易造成胃肠道消化酶功能的减退。

螨虫：螨虫与人的健康关系非常密切，人若吃了被螨虫污染的白糖，螨虫就会进入消化道寄生，引起腹痛、腹泻等症状，有的甚至引起过敏性反应。如果在婴幼儿或老年人的食物中，直接加入这种被污染的生白糖，会因呛咳等使螨虫进入肺内而引起哮喘或咯血，且容易并发气管炎或肺炎。

掺伪检验

感官鉴别

看色泽：新鲜的白糖色泽白里透黄，有光泽。若颜色太白，则有可能二氧化硫超标；若没有光泽，则可能是被螨虫污染。

观状态：优质的白糖应干燥，晶粒松散，不粘手，不结块，无肉眼可见的杂质。白糖的水溶液应清晰、透明、无杂质。劣质白糖吸潮结块或溶化，有杂质，糖水溶液可见有沉淀。

闻气味：优质的白糖具有纯正的甜味，劣质白糖滋味不纯正或有外来异味。

理化检验

二氧化硫残留量的测定

方法原理：亚硫酸盐或二氧化硫，与四氯汞钠反应生成稳定的络合物，再与甲醛及盐酸副玫瑰苯胺作用生成紫红色物质，其色泽深浅与亚硫酸含量成正比，可比色测定。

操作方法：将样品及二氧化硫标准管中加入四氯汞钠吸收液至10mL，然后再加入1mL氨基磺酸胺溶液（12g/L）、1mL甲醛溶液（2g/L）及1mL盐酸副玫瑰苯胺溶液，摇匀，放置20分钟，用分光光度计于波长550nm处测定吸光度，绘制标准曲线比较。

适用范围：此方法适用于含$SO_2 < 50$ppm，含量高时适于用碘量法及中和法测定。

安全标准

在强制性国家标准《食糖卫生标准》（GB 13104—2005）中，规定了绵白糖二氧化硫不得超过15mg/kg，原糖的二氧化硫不得超过20mg/kg，白砂糖的二氧化硫不得超过30mg/kg，螨虫不得检出。

97 问题巧克力

事件盘点

2012年2月14日,据《半岛都市报》报道,国家质检总局曝光了234批次问题进口产品,其中就有12批次洋巧克力被爆铜超标。据了解,在被曝光的问题产品中,产自德国的Rausch牌75%、80%可可黑巧克力,奥地利进口的4批佐特巧克力,以及从意大利进口的4批思味奇特浓可可黑巧克力均被检测出铜超标。

揭秘不安全因素

巧克力,是以可可浆和可可脂为主要原料制成的一种甜食,巧克力中最重要的成分是以可可豆为原料得到的可可液块,及由此提炼的可可脂、可可粉等。可可脂是可可豆中的天然脂肪,由于自然条件的限制,可可脂的产出有限,因而价格昂贵,因此,有些小企业以类可可脂或代可可脂来替代可可脂生产巧克力,有的甚至连可可粉也换成了淀粉,奶粉换成了鲜奶精。这样的巧克力食用后会对人体造成伤害。

此外,巧克力生产、制作、包装、运输过程等很多环节都会造成铜污染,国家对巧克力中的铜含量有十分严格的要求,以预防消费者食用过量中毒。有的巧克力中含过量安赛蜜,安赛蜜是一种食品添加剂,能够增加食品甜味,但是无任何营养,而超限量食用安赛蜜也会对人体产生危害。

类可可脂:从广义上说来,类可可脂仍然是代可可脂,即不从可可豆中直接经提炼获取可可脂,而采用现代食品加工工艺,对棕榈油、牛油树脂、沙罗脂等油脂进行加工,获取与可可脂分子结构类似的油脂。但是,与传统代可可脂制作过程不同,类可可脂主要采用提纯、蒸馏和调温的制作方法。

代可可脂:其结构与天然可可脂不同,是一种非常复杂的"氢化脂肪酸",是"反式脂肪酸"的一种。反式脂肪酸(TFAS)是植物油在加温等过程中,添加氢后形成的。国际最新的研究发现,TFAS可能引起人体胆固醇升高,并对胎儿体重和II型糖尿病具有潜在影响,甚至是老年痴呆症的诱因之一。

铜超标：铜是我们人体不可缺少的微量元素，但如果过量食入会出现恶心、呕吐、腹部疼痛、急性溶血和肾小管变形等中毒现象，引发急性铜中毒、肝豆状核变性、儿童肝内胆汁淤积等病症，对肝肾功能、神经系统造成一定损害。可可豆是含铜比较丰富的一种食物，当它做成可可粉之后铜的含量依然不会减少，由此造成巧克力中铜含量过高。

安赛蜜：是一种食品添加剂，是化学品，甜度约为蔗糖的130倍，呈味性质与糖精相似。安赛蜜为人工合成甜味剂，经常食用合成甜味剂超标的食品会对人体的肝脏和神经系统造成危害，特别是对老人、孕妇、小孩危害更为严重。如果短时间内大量食用，会引起血小板减少导致急性大出血。

🅒 掺伪检验

▪ 感官鉴别

闻气味：高品质巧克力的芳香气味是新鲜的，不会有任何化学成分的味道或过量的甜味。

查外观：巧克力的颜色是从深红棕色到黑棕色。浇模成形的表面应光滑细致、色泽饱和。涂衣或手工制作的则色泽较为深沉内敛。品质优异的巧克力条轻轻一掰即碎，折断时干净利落，声音清脆，边缘不留余屑，断面细密均匀。

品味道：好的巧克力咬时会有清脆的响声，随即在口齿间融化，口感细滑，具有清醇的可可豆芳香。

看标识：购买巧克力时要注意产品配料表，尽量不要购买使用代可可脂的巧克力，要选择大型购物市场的品牌巧克力。

▪ 理化检验

铜的测定——原子吸收光谱法

方法原理：样品经处理后，导入原子吸收分光光度计中，原子化以后，吸收324.8nm共振线，其吸收值与铜含量成正比，与标准系列比较定量。

安全标准

《巧克力及巧克力制品》（GB/T 19343—2003）规定：黑巧克力可可脂含量不得少于18%，白巧克力可可脂含量不少于20%。

《巧克力卫生标准》（GB 9678.2—2003）规定：其铜含量不得大于15mg/kg。

《食品安全国家标准 食品添加剂使用标准》（GB 2760—2011）规定：安赛蜜在糖果中含量不得大于2.0g/kg。

98 五花八门的掺假蜂蜜

📋 事件盘点

⏰ 2013年3月13日，据《济南日报》报道，近日，省城刘女士拿到了自己送江苏出入境检验检疫局的蜂蜜检测报告显示，"全响洋槐蜜，甜菜糖浆-BS，检测结果阳性"。表明受检的全响洋槐蜜为假货。据业内人士介绍，甜菜糖浆一斤才两元钱，因而成为目前蜂蜜造假的新宠。

⏰ 2013年5月20日，据《新华国际报》报道，法国唯一的蜂蜜质量检测机构摩泽尔省蜂产品技术研究中心最新市场检测表明，法国市场所销售的蜂蜜中，有10%存在质量问题，其中大部分来自中国。除产地造假外，假蜂蜜的成分也存在问题。摩泽尔省蜂产品技术研究中心的技术人员表示，目前法国市场上所销售的一些蜂蜜实际上是用糖浆制成的。

📷 揭秘不安全因素

蜂蜜是蜜蜂采集植物的花蜜或分泌物贮存巢脾内，经过自身充分酿造而成的甜物质，它含有葡萄糖、维生素、矿物质和氨基酸等物质，能提高人的免疫力，是人们喜爱的传统天然滋补食品，纯正天然无添加的蜂蜜才能发挥出蜂蜜的所有功效。为追求利润，很多蜂蜜生产厂家制作销售假蜂蜜，扰乱行业秩序。比如有的蜂蜜中掺加水、葡萄糖、砂糖、果糖；有的使用淀粉糖浆、大米糖浆、甜菜糖浆等制作假蜂蜜；有的用硫酸将白糖裂解为单糖，冒充蜂蜜销售；还有的用甜蜜素、色素加上香精勾兑。这些五花八门的造假蜂蜜不但使蜂蜜的质感、口感和风味受到了影响，同时也会影响到蜂蜜功效的发挥，甚至会使原本健康的蜂蜜变成一种损害健康的食物。

糖浆：是通过煮或其他技术制成的、黏稠的、含高浓度糖的溶液。制造糖浆的原材料可以是糖水、甘蔗汁、果汁或者其他植物汁等。由于糖浆含糖量非常高，在密封状态下它不需要冷藏也可以保存比较长的时间。糖浆可以用来调制饮料或者做甜食。

果糖：是一种最为常见的己酮糖，是最甜的单糖，存在于蜂蜜、水果中，和葡萄糖结合构成日常食用的蔗糖。假蜂蜜添加的果糖太多，长期食用容易引起能量过剩、脂肪囤积，导致肥胖、糖尿病、高脂血症、脂肪肝等疾病。

　　甜蜜素：是一种常用甜味剂，其甜度是蔗糖的30~40倍。消费者如果经常食用甜蜜素含量超标的饮料或其他食品，就会因摄入过量对人体的肝脏和神经系统造成危害。

掺伪检验

■ 感官鉴别

　　看颜色：真蜂蜜看起来不是很清亮，呈白色、淡黄或琥珀色，以浅淡色为佳；假蜂蜜一般呈深黄色，非常洁净。

　　看气泡：真蜂蜜顶部一般会聚集着一些微小气泡，而假蜂蜜则没有。

　　闻气味：打开密封盖以后，真蜂蜜会散发出一股淡淡的花香，而假蜂蜜则没有气味或者有过酸、过甜的刺激性气味。

　　看拉丝：真蜂蜜用筷子挑起，可以拉出很长、很细的丝，而且不会断；假蜂蜜由于用了增稠剂，在挑起时，会呈滴状下落。

　　看结晶：真蜂蜜在低温状态下会自然结晶。假蜂蜜一般不结晶，即便结晶，其晶体形状与真蜂蜜也有所不同。真蜂蜜的结晶，用手捻即化，含之即化；假蜂蜜的结晶块，手捻时磨手，有沙砾感，咀嚼如砂糖，声脆响亮。

■ 理化检验

　　蜂蜜中掺蔗糖的检验

　　操作方法：取样蜜1份加4份水，充分振荡搅拌，若有混浊或沉淀，滴加2滴1%的硝酸银溶液，有絮状物产生者，证明是掺入了蔗糖的蜜。

　　蜂蜜中掺淀粉的检验

　　操作方法：取样蜜5mL，加20mL蒸馏水稀释，煮沸后放冷，加入碘试剂（取1~2粒碘溶于1%碘化钾溶液20mL中制成）2滴，如出现蓝色或蓝紫色则可认为掺入了淀粉类物质；如呈现红色，则可认为掺有糊精；若保持黄褐色不变，则说明蜂蜜纯净。

安全标准

　　新国标《食品安全国家标准　蜂蜜》（GB 14963—2011）规定：蜂蜜是蜜蜂采集植物的花蜜、分泌物或蜜露，与自身分泌物混合后，经充分酿造而成的天然物质。蜂蜜中不得添加或混入任何蜂蜜以外的物质，如淀粉类、糖类、代糖类物质以及防腐剂、澄清剂、增稠剂等，对故意在蜂蜜中添加葡萄糖浆、蔗糖等工业生产物质，却仍标以"蜂蜜"或者"蜜"的产品，将视为假冒产品。

99 树胶冒充的 假蜂胶

📋 事件盘点

⏰ 2010年11月22日央视曝光浙江全金药业股份有限公司旗下"全金牌蜂胶软胶囊"中的蜂胶实为用杨树芽为原料提纯的树胶，供货商为河南省长葛市蜂源蜂产品有限公司。央视报道说，全金药业在使用"树胶"加工所谓"提纯蜂胶"时，还添加一些粉末状的黄酮类物质，能提高"总黄酮"含量，而"总黄酮"含量在《蜂胶国家标准》中是检验蜂胶的一项重要指标。全金药业已经对相关产品进行产品撤柜、停止销售、退货等处理。

📷 揭秘不安全因素

蜂胶是蜜蜂从植物芽孢或树干上采集的树脂，混入自身分泌物形成的一种胶状物质，被公认为具有调节血脂、血压、血糖等保健功能。蜂胶产量比较稀少，一个五六万只的蜂群一年只能产100多克蜂胶，所以蜂胶又被誉为"紫色黄金"。近些年，部分蜂胶生产企业为了降低成本，采取了用杨树胶冒充蜂胶的做法，树胶中含有水杨苷。为了使树胶变成蜂胶蒙混过关，提高其产品中有效成分总黄酮含量，厂家还要偷偷往里加一些槲皮素、芦丁等原料。但这种假蜂胶不但没有蜂胶所具有的保健功效，甚至还可能因其原料和加工过程带来不安全的因素。

树胶：人工采集杨树芽，经过蒸煮、碾压、提出等一系列提取工艺制成的胶状物质，常被用来冒名作为"蜂胶"，制成胶囊出售，是中国目前市场上蜂胶的替代品，并充斥着蜂胶市场。树胶的外形与蜂胶很像，且价格低廉。

类黄酮：是植物重要的是一类次生代谢产物，它以结合态（黄酮苷）或自由态（黄酮苷元）形式存在于水果、蔬菜、豆类和茶叶等许多食源性植物中。类黄酮可以抑制有害的低密度脂蛋白的产生，还有降低血栓形成的作用。调查证实，类黄酮摄入量低者，冠心病死亡率较高，反之，则冠心病的死亡率低。

水杨苷：是一种从柳树树皮提炼出来的植物生化素，可作为抗发炎的药物。与阿斯匹林结构相似，在人体中会被代谢成水杨酸。

掺伪检验

感官鉴别

看颜色：打开胶囊壳，内容物呈黄褐色、棕褐色或灰褐色的为高品质、高纯度的蜂胶。如果明显偏黑色，可能重金属超标或者人工添加合成黄酮。

尝味道：嚼开尝一尝，好的蜂胶在嚼服入口的那一瞬间，虽然会感到辛辣，但是一下子便会自然消失，随之而来的是清爽的感觉；而劣质蜂胶在嚼开后则会让人有想呕吐的感觉，无辛辣感。气味好的蜂胶闻起来有树汁特有的香味，劣质的蜂胶无气味。

查吸收：滴一滴蜂胶在白纸上（信纸或面纸），搁置数分钟后，观察其变化。若扩散速度太快，则表示酒精或水分的含量较多，浓度不高。若不易渗开，则含胶量较高；品质好的蜂胶于干燥后呈金黄色膏状物，有光泽。

用水溶：准备半杯温水，滴入一滴蜂胶（不要太大滴），慢慢搅拌。能有效悬浮水中并溶解为上品，完全无法溶解为劣品。若滴入瞬间由乳白色转至淡黄绿色，其品质较佳。若溶解液为灰褐色的，为劣品。

理化检验

蜂胶中杨树胶的检测方法——反相高效液相色谱法

方法原理： 树脂中水杨苷会在蜜蜂腺体分泌的 β–葡萄糖核糖苷酶等作用下水解，然而在杨树胶的加工过程中却能够稳定存在；此外，杨树胶中含有蜂胶中不含有的特征成分——CCP，水杨苷是区分蜂胶与杨树胶的有效指标，可根据水杨苷或CCP的有无来定性确定蜂胶中是否含有杨树胶。

操作方法： 试样经乙醇提取后，经浓缩、溶解于水后，用配有紫外检测器的反相高效液相色谱仪在213nm处检测水杨苷和CCP的有无，从而判断蜂胶中是否含有杨树胶。

安全标准

《蜂胶》（GB/T 24283—2009）规定：一级蜂胶总黄酮含量不小于15g/100g，二级蜂胶总黄酮含量不小于8g/100g。一级蜂胶乙醇提取物不小于60g/100g，二级蜂胶乙醇提取物不小于40g/100g。

100 掺假的
问题蜂王浆

📋 事件盘点

⏰ 2012年2月17日，据阿里巴巴食品频道报道，近期韩国出口到日本的7批蜂王浆产品被查出氯霉素严重超标，韩国有关部门表示，经过核查，这7批产品是从中国的5家企业进口的，并已向我国相关部门发出通报。

💡 揭秘不安全因素

蜂王浆，又名蜂皇浆、蜂乳、蜂王乳，是蜜蜂巢中培育幼虫的青年工蜂咽头腺的分泌物，是供给将要变成蜂王的幼虫的食物。蜂王浆是高蛋白，并含有维生素B类和乙酰胆碱等，具有较高的营养保健价值。由于蜂王浆为劳动力密集型的产品，产量又很低，一般一群蜜蜂一年只能产王浆3~4kg，因此生产成本很高。常有一些不法之徒，利用人们对蜂产品缺乏了解的弱点，采取人工勾兑或掺杂使假，如用廉价的淀粉或奶粉来冒充蜂王浆，制造伪劣产品蒙骗消费者。此外，为了预防和治疗蜜蜂病害的发生，养蜂人常在饲喂蜜蜂时加入抗生素(如氯霉素)，但是如果长期使用或者不按规定用药会导致这些药物残留在蜂王浆等蜂产品中，对人类健康构成潜在的巨大威胁。

氯霉素：属抑菌性广谱抗生素，对很多不同种类的微生物均起作用。它因价格低廉，现时仍然盛行于一些低收入国家，但在其他西方国家已经甚少使用，这是由于它的副作用的关系：会引致致命的再生不良性贫血。现时，氯霉素主要是用在医治细菌性结膜炎的眼药水或药膏上。

淀粉：是一种多糖类物质。制造淀粉是所有的绿色植物贮存能量的一种方式。是最常见的饮食中的碳水化合物，马铃薯、小麦、玉米、大米、木薯等主食中就含有大量的淀粉。淀粉在加工食品中被加工以产生许多的糖。在温水中溶解淀粉产生糊精，这可以用作增稠剂，硬化或粘接剂。最大的非食品工业使用的淀粉是在造纸过程中作为黏合剂。

掺伪检验

感官鉴别

目测：主要看颜色，正常情况下，新鲜的蜂王浆应为乳白色或淡黄色，而且整瓶颜色应均匀一致，呈半流动状态，有明显的光泽感。若浆体混浊，颜色过深且灰暗，光泽差，说明质量有问题。

鼻嗅：纯正的蜂王浆有浓郁的芳香气味，即略带花蜜香和辛辣气。受植物品种的影响，不同品种的蜂王浆气味略有不同，不过悬殊不大。高质量的蜂王浆气味纯正，无腐败、发酵、发臭等异味。如发现有奶腥味、腐酸味等其他刺激性异味，说明蜂王浆不纯或不够新鲜。

品尝：取少许蜂王浆放于舌尖上，细细品味，纯正的蜂王浆应有酸、涩、辛、辣、甜等多种味道。味感应先酸，后缓缓感到涩，还有一种辛辣味，回味无穷，最后略带一点不明显的甜味。酸、涩和辛辣味越明显，说明蜂王浆的质量越高。但甜味不可太明显，否则说明蜂王浆中有掺入蜜糖的可能。

手捻：取少量蜂王浆用拇指和食指捻磨，质量好的蜂王浆应有细腻和黏滑的感觉。如果手捻时有粗糙或硬沙粒感觉，说明掺有淀粉等物质；手捻对黏度感觉比较小，黏感过于明显是不正常的。若能挑起黏丝，应怀疑掺有白糖溶液和淀粉，这种蜂王浆会有极明显的口感不适感。

理化检验

加了淀粉的蜂王浆制品的检验

操作方法：在实验的蜂王浆制品里滴入一到两滴碘酒，纯蜂王浆制品遇碘后呈浅黄色或橙黄色，掺了淀粉的蜂王浆制品遇碘则变成蓝色或紫色。

掺了乳制品蜂王浆的检验

操作方法：将实验产品与数滴食用碱在常温下搅匀，若悬浮物全部溶解，并呈浅黄色透明状，说明该样品是纯蜂王浆，若不溶解并呈混浊状，则说明该样品王浆中掺有乳制品。

蜂王浆中氯霉素残留量的检验——液相色谱串联质谱法

操作方法：样品用甲醇沉淀蛋白质，再用乙酸乙酯提取，经硅胶和固相萃取小柱净化，液相色谱串联质谱测定和确证，同位素内标法定量。

安全标准

在国家标准《蜂王浆》（GB 9697—2008）规定：其水分优等品不大于67.5%，合格品不得大于69%，淀粉不得检出，10-羟基-2-癸烯酸（王浆酸）含量合格品不小于1.4%，优等品不小于1.8%。

附录一　食品添加剂的定义和种类

食品添加剂的定义			
我国的《食品卫生法》第四十五条，食品添加剂：指为改善食品质和色、香、味以及为防腐和加工工艺的需要而加入食品中的化学合成或者天然物质。			
食品添加剂种类			
序号	类别	作用	食品添加剂名称
1	酸度调节剂	用以维持或改变食品酸碱度的物质	柠檬酸、乳酸、酒石酸、偏酒石酸、苹果酸、富马酸、乙酸、磷酸、己二酸、柠檬酸钠、柠檬酸一钠、柠檬酸钾、碳酸钠、碳酸钾、碳酸氢钾、磷酸三钾、乙酸钠
2	抗结剂	用以防止颗粒或粉状食品聚集结块，保持其松散或自由流动的物质	亚铁氰化钾、硅铝酸钠、磷酸三钙、二氧化硅、微晶纤维素、滑石粉
3	消泡剂	在食品加工过程中降低表面张力，消除泡沫的物质	乳化硅油、聚氧丙烯甘油醚、聚氧乙烯聚氧丙烯胺醚、聚氧丙烯氧化乙烯甘油醚、聚氧乙烯聚氧丙烯季戊四醇醚
4	抗氧化剂	能防止或延缓油脂或食品成分氧化分解、变质，提高食品稳定性的物质	丁基羟基茴香醚、二丁基羟基甲苯、没食子酸丙酯、特叔丁基对苯二酚、硫代二丙酸二月桂酯、L-抗坏血酸棕榈酸酯、4-己基间苯二酚、抗坏血酸、抗坏血酸钙、异抗坏血酸钠、异抗坏血酸、植酸、磷脂、茶多酚、甘草抗氧化物、迷迭香提取物、生育酚
5	漂白剂	能够破坏、抑制食品的发色因素，使其褪色或使食品免于褐变的物质	二氧化硫、焦亚硫酸钾、焦亚硫酸钠、亚硫酸钠、亚硫酸氢钠、低亚硫酸钠、硫磺、过氧化苯甲酰
6	膨松剂	在食品加工过程中加入的，能使产品发起形成致密多空组织，从而使制品具有膨松、柔软或酥脆的物质	碳酸氢钠、硫酸铝钾、磷酸氢钙、硫酸铝铵、碳酸氢铵、碳酸氢钾、酒石酸氢钾、轻质碳酸钙
7	胶基糖果中基础剂物质	赋予胶基糖果气泡、增塑、耐咀嚼等作用的物质	丁苯橡胶、丁基橡胶、海藻酸铵、硬脂酸钙、糖胶树胶、艾茨棕树胶、节路顿树胶、莱开欧胶、硬脂酸镁、巴拉塔树胶、天然橡胶、聚丁烯、聚乙烯、聚异丁烯
8	着色剂	使食品赋予色泽和改善食品色泽的物质	苋菜红、亮蓝、赤藓红、酸性红、诱惑红、靛蓝、胭脂红、日落黄、柠檬黄、新红、二氧化钛、叶绿素铜钠盐、β-胡萝卜素、焦糖、天然β-胡萝卜素、橡子壳棕、甜菜红、黑豆红、黑加仑红、胭脂虫红、红花黄、密蒙黄、高粱红、萝卜红、紫胶红、紫草红、红米红、玫瑰茄红、桑葚红、天然苋菜红、葡萄皮红、辣椒红、辣椒橙、栀子黄、栀子蓝、可可壳色、沙棘黄、海藻、姜黄素、姜黄、多穗柯棕、茶绿色素、茶黄色素、蓝靛果红、植物炭黑、红曲红

序号	类别	作用	食品添加剂名称
9	护色剂	能与肉及肉制品中呈色物质作用，使之在食品加工、保藏等过程中不致分解、破坏，呈现良好色泽的物质	硝酸钠、硝酸钾、亚硝酸钠、亚硝酸钾、烟酰胺、抗坏血酸、异抗坏血酸
10	乳化剂	能改善乳化体中各种构成相之间的表面张力，形成均匀分散体或乳化体的物质	单硬脂酸甘油酯、蔗糖脂肪酸酯、改性大豆磷脂、木糖醇酐单硬脂酸酯、山梨糖醇酐单月桂酸酯、山梨糖醇酐单棕榈酸酯、山梨糖醇酐单硬脂酸酯、山梨醇酐三硬脂酸酯、山梨醇酐单油酸酯、酪蛋白酸钠、硬脂酰乳酸钙、聚氧乙烯山梨醇酐单月桂酸酯、聚氧乙烯山梨醇酐单棕榈酸酯、聚氧乙烯山梨醇酐单硬脂酸酯、聚氧乙烯山梨醇酐三硬脂酸酯、聚氧乙烯山梨醇酐单油酸酯、丙二醇脂肪酸酯、三聚甘油单硬脂肪酸酯、聚甘油单硬脂酸酯、聚甘油单油酸酯、聚甘油蓖麻醇酯、乙酰化单甘油脂肪酸酯、双乙酰酒石酸单（双）甘油酯、松香甘油酯、氢化松香甘油酯、辛烯酸甘油酯、聚氧乙烯木糖醇酐单硬脂酸酯、硬脂酸钾
11	酶制剂	有动物或植物的可食或非可食部分直接提取，或由传统或通过基因修饰的微生物（包括但不限于细菌、放线菌、真菌菌种）发酵、提取制得，用于食品加工，具有特殊催化功能的生物制品	α−淀粉酶、葡糖淀粉酶、果胶酶、木聚糖酶、蛋白酶、β−葡聚糖酶、β−淀粉酶、α−乙酰乳酸脱羧酶、纤维素酶、葡糖氧化酶、木瓜蛋白酶
12	增味剂	补充或增强食品原有风味的物质	谷氨酸钠、5′−鸟苷酸二钠、5′−肌苷酸二钠、5′−呈味核苷酸二钠、琥珀酸二钠、L-丙氨酸
13	面粉处理剂	促进面粉的熟化和提高制品质量的物质	偶氮甲酰胺、L-半胱氨酸盐酸盐、过氧化钙、碳酸钙、碳酸镁
14	被膜剂	涂抹于食品外表，起保质、保鲜、上光、防止水分蒸发等作用的物质	白油、吗啉脂肪酸盐、石蜡、松香季戊四醇酯、紫胶、巴西棕榈蜡、硬脂酸
15	水分保持剂	有助于保持食品中水分而加入的物质	磷酸三钠、六偏磷酸钠、三偏磷酸钠、三聚磷酸钠、焦磷酸钠、磷酸二氢钠、磷酸氢二钠、磷酸二氢钙、磷酸氢二钾、磷酸二氢钾、磷酸钙、焦磷酸二氢二钠

续表

序号	类别	作用	食品添加剂名称
16	营养强化剂	为增强营养成分而加入食品中的天然的或者人工合成的属于天然营养素范畴的物质	氨基酸：L-赖氨酸盐酸盐、L-赖氨酸-L-天门冬氨酸、牛磺酸。维生素：维生素A、维生素A油、β-胡萝卜素、维生素D_2、维生素D_3、DL-维生素E、D-α-乙酸生育酚、维生素K、抗坏血酸、抗坏血酸钠、L-抗坏血酸桐棕酸酯、抗坏血酸磷酸酯镁、盐酸硫胺素、硝酸硫胺素、核黄素、生物素、泛酸钙、L-肉碱、L-肉碱-L-酒石酸、酒石酸氢胆碱、氯化胆碱、氰钴胺素、羟钴胺素盐酸盐、叶酸、肌醇、烟酸、烟酰胺、盐酸吡哆醇。矿物质和微量元素：活性钙、生物碳酸钙、碳酸钙、乙酸钙、L-天门冬氨酸钙、柠檬酸钙、柠檬酸苹果酸钙、葡糖糖酸钙、乳酸钙、甘氨酸钙、磷酸氢钙、L-苏糖酸钙、葡萄糖酸铜、硫酸铜、柠檬酸铁铵、柠檬酸铁、富马酸亚铁、葡萄糖酸亚铁、乳酸亚铁、焦磷酸铁、琥珀酸亚铁、硫酸亚铁、氯化高铁血红素、电解铁、铁卟啉、还原铁、氯化镁、葡萄糖酸镁、硫酸镁、氯化锰、葡萄糖酸锰、硫酸锰、葡萄糖酸钾、碘酸钾、碘化钾、海藻碘、硒蛋白、硒化卡拉胶、高硒酵母、亚硒酸钠、乙酸锌、氯化锌、柠檬酸锌、葡萄糖酸锌、甘氨酸锌、乳酸锌、氧化锌、硫酸锌。脂肪酸类：γ-亚麻油酸、亚油酸
17	防腐剂	防止食品腐败变质、延长食品储存期的物质	苯甲酸、苯甲酸钠、山梨酸、山梨酸钾、丙酸钠、丙酸钙、丙酸、脱氢乙酸、脱氢乙酸钠、羟基苯甲酸乙酯、对羟基苯甲酸丙酯、亚硫酸盐、亚硝酸盐、双乙酸钠、二氧化碳、乙氧基喹、仲丁胺、二氧化氯、2,4-二氯苯氧乙酸、肉桂醛、苯基苯酚、单辛酸甘油酯、噻苯咪唑、乳酸链球菌素、纳他霉素
18	稳定剂和凝固剂	使食品结构稳定或使食品组织结构不变，增强黏性固形物的物质	硫酸钙、氯化钙、丙二醇、乙二胺四乙酸二钠、葡萄糖酸-δ-内酯、柠檬酸亚锡二钠、不溶性聚乙烯聚吡咯烷酮、氯化镁
19	甜味剂	赋予食品以甜味的物质	天门冬酰苯丙氨酸甲酯、L-α-天冬氨酰-N-（2，2，4，4-四甲基-3-硫化三亚甲基）-D-丙氨酰胺、异麦芽酮糖、乳糖醇、麦芽糖醇、山梨糖醇（液）、木糖醇、乙酰磺胺酸钾、环己基氨基磺酸钠、环己基氨基磺酸钙、糖精钠、三氯蔗糖、罗汉果甜苷、甜菊糖苷、甘草、甘草酸铵、甘草酸一钾

续表

序号	类别	作用	食品添加剂名称
20	增稠剂	可以提高食品的黏稠度或形成凝胶，从而改变食品的物理性状、赋予食品黏润、适宜的口感，并兼有乳化、稳定或使呈悬浮状作用的物质	乙酰化己二酸双淀粉、乙酰化二淀粉磷酸酯、琼脂、卡拉胶、甲壳素、β-环状糊精、瓜尔胶、果胶、聚葡萄糖、海藻酸钠、羧甲基纤维素钠、黄原胶、酸处理淀粉、黄蜀葵胶、阿拉伯胶、皂荚糖胶、明胶、结冷胶、羟丙基甲基纤维素、羟丙基二淀粉磷酸酯、羟丙基淀粉、亚麻籽胶、槐豆胶、氧化淀粉、磷酸化二淀粉磷酸酯、海藻酸钾、藻酸丙二醇酯、田菁胶、羧甲基淀粉钠、淀粉磷酸酯钠、辛烯基琥珀酸淀粉钠、罗望子多糖胶、醋酸淀粉
21	食品用香料	能够用于调配食品香精，并使食品增香的物质	肉桂、丁香、肉豆蔻、胡椒、八角茴香、肉桂油、丁香叶油、大蒜油、香叶油、姜油、茉莉浸膏、薰衣草油、柠檬油、山苍子油、亚洲薄荷素油、桂花浸膏、广藿香油、留兰香油、八角茴香油、乳酸乙酯、香兰素、麦芽酚、苯甲醛、柠檬醛、乙基麦芽酚、乙基香兰素、杨梅醛、羟基香茅醛、兔耳草醛
22	食品工业用加工助剂	有助于食品加工能顺利进行的各种物质，与食品本省无关，如助滤、澄清、吸附、脱模、脱色、提取溶剂等	1，2-丙二醇、硅藻土、活性炭、己烷、过氧化氢、十二烷基二甲基溴化铵、五碳双缩醛、氢氧化钠、盐酸、高碳醇脂肪酸酯复合物
23	其他	上述功能类别中不能涵盖的其他功能	高锰酸钾、4-氯苯氧乙酸钠、咖啡因、异构化乳糖液、固话单宁、棒黏土、6-苄基腺嘌呤、酪蛋白钙肽、酪蛋白磷酸肽、月桂酸、羟基硬脂精、半乳甘露聚糖、氯化钾

附录二 食品中可能违法添加的非食用物质和易滥用的食品添加剂名单

（第1~6批汇总）

为进一步打击在食品生产、流通、餐饮服务中违法添加非食用物质和滥用食品添加剂的行为，保障消费者健康，全国打击违法添加非食用物质和滥用食品添加剂专项整治领导小组自2008年以来陆续发布了六批《食品中可能违法添加的非食用物质和易滥用的食品添加剂名单》。为方便查询，现将六批名单汇总发布（见表一、表二）。

表一　食品中可能违法添加的非食用物质名单

	序号	名　称	可能添加的主要食品类别	添加目的	对人体的危害
第一批	1	吊白块	腐竹、粉丝、面粉、竹笋	增白、保鲜、防腐	损坏人体的皮肤黏膜、肾脏及中枢神经系统，导致癌症和畸形病变
	2	苏丹红	辣椒粉、含辣椒类的食品（辣椒酱、辣味调味品）	着色	具有致癌性，对人体的肝、肾等器官具有明显的毒性作用
	3	王金黄、块黄	腐皮	着色	造成急性和慢性的中毒伤害
	4	蛋白精、三聚氰胺	乳及乳制品	虚高蛋白质含量	造成生殖、泌尿系统的损害，可导致膀胱结石、肾结石等尿路结石，并可进一步诱发膀胱癌
	5	硼酸与硼砂	腐竹、肉丸、凉粉、凉皮、面条、饺子皮	增筋	造成食欲减退、消化不良，抑制营养素吸收，甚至急性中毒
	6	硫氰酸钠	乳及乳制品	保鲜	造成神经系统抑制、代谢性酸中毒及心血管系统不稳定
	7	玫瑰红B	调味品	着色	中毒，出现头晕、心烦、小便呈淡玫瑰红色等症状
	8	美术绿	茶叶	着色	对人的中枢神经、肝、肾等器官造成极大损害，并会引发多种病变
	9	碱性嫩黄	豆制品	着色	导致肝脏和肾脏的疾病，还会影响发育，甚至导致癌变
	10	工业用甲醛	海参、鱿鱼等干水产品，血豆腐	改善外观和质地	导致消化性溃疡和胃癌

续表

	序号	名 称	可能添加的主要食品类别	添加目的	对人体的危害
第一批	11	工业用火碱	海参、鱿鱼等干水产品，生鲜乳	改善外观和质地	长期或超量食用加入工业碱的食品会造成食物中毒，还存在致癌、致畸和引发基因突变的潜在危害
	12	一氧化碳	金枪鱼、三文鱼	改善色泽	中毒
	13	硫化钠	味精		在胃肠道中能分解出硫化氢，口服后能引起硫化氢中毒，对皮肤和眼睛有腐蚀作用
	14	工业硫磺	白砂糖、辣椒、蜜饯、银耳、龙眼、胡萝卜、姜等	漂白、防腐	危害人体呼吸系统，损害胃肠
	15	工业染料	小米、玉米粉、熟肉制品等	着色	高毒、高残留，对人体的神经系统和膀胱等有不良作用
	16	罂粟壳	火锅，火锅底料及小吃类	上瘾	长期食用必将导致慢性中毒，最终上瘾
第二批	17	革皮水解物	乳与乳制品	增加蛋白质含量	可能导致中毒、关节疏松肿大等疾病
	18	溴酸钾	小麦粉	增筋	对眼睛、皮肤、黏膜有刺激性；能引起呕吐、腹泻、肾脏障碍、高铁血红蛋白血症；可致癌
	19	β－内酰胺酶	乳与乳制品	掩蔽	分解大多数抗生素，让抗生素失效
	20	富马酸二甲酯	糕点	防腐	损害肠道、内脏和引起过敏，尤其对儿童成长发育会造成很大危害
第三批	21	废弃食用油脂	食用油脂	掺假	导致胃癌、肠癌、肾癌及乳腺、卵巢、小肠等部位癌肿
	22	工业用矿物油	陈化大米	改善外观	含有多种有毒物质，食入后对人体产生潜在危害
	23	工业明胶	冰激凌、肉皮冻等	改善形状、掺假	重金属含量过高，危害人体健康
	24	工业酒精	勾兑假酒	降低成本	中毒严重的可导致失眠、死亡
	25	敌敌畏	火腿、鱼干、咸鱼等制品	驱虫	高毒
	26	毛发水	酱油等	掺假	致人惊厥，甚至诱发癫痫症
	27	敌百虫	腌制食品	防腐	造成神经生理功能紊乱，急慢性中毒；损害肝肾

	序号	名　称	可能添加的主要食品类别	添加目的	对人体的危害
第四批	28	肾上腺素受体激动剂类药物（盐酸克伦特罗等）	猪肉、牛羊肉及肝脏等	提高瘦肉率	中毒，对患有高血压、青光眼、糖尿病、前列腺肥大等疾病的患者，可危及生命
	29	硝基呋喃类药物	猪肉、禽肉、动物性水产品	抗感染	致畸、致突变、致癌
	30	玉米赤霉醇	牛羊肉及肝脏、牛奶	促进生长	引起人体性激素功能紊乱及影响第二性征的正常发育；在外部条件诱导下，可能致癌
	31	抗生素残渣	猪肉	抗感染	使某些病菌产生抗药性，从而降低抗生素的疗效
	32	镇静剂	猪肉	镇静，催眠，减少能耗	出现恶心、呕吐、口舌麻木等。如果残留的量比较大，还可能出现心跳过快、呼吸抑制，甚至短时间的精神失常
	33	荧光增白物质	双孢蘑菇、金针菇、白灵菇、面粉	增白	使细胞产生变异，毒性积累在肝脏或其他重要器官从而致癌
	34	工业氯化镁	木耳	增加重量	金属类化学物质，对人体有危害
	35	磷化铝	木耳	防腐	高毒
	36	馅料原料漂白剂	焙烤食品	漂白	对肠道、胃黏膜造成损害，影响消化和营养吸收，也可能诱发呼吸系统疾病，出现气喘、呼吸急促、咳嗽等症状
	37	酸性橙II	黄鱼、鲍汁、腌卤肉制品、红壳瓜子、辣椒面和豆瓣酱	增色	有强烈的致癌性
	38	抗生素	生食水产品，肉制品、猪肠衣、蜂蜜	杀菌防腐	可能对血液系统造成损害。长期摄取，会抑制骨髓造血功能，造成贫血、抵抗力下降，严重时可致死亡
	39	喹诺酮类	麻辣烫类食品	杀菌防腐	影响软骨发育，降低免疫力，诱发各种疾病，产生耐用性
	40	水玻璃	面制品	增加韧性	引发恶心、呕吐、头疼
	41	孔雀石绿	鱼类	抗感染	高毒、高残留，可致癌、致畸、致突变
	42	乌洛托品	腐竹、米线等	防腐	会分解出甲醛，可引起胃痛、呕吐、呼吸困难等症状

	序号	名称	可能添加的主要食品类别	添加目的	对人体的危害
第五批	43	五氯酚钠	河蟹	灭螺、清除野杂鱼	强毒性
	44	喹乙醇	水产养殖饲料	促生长	致癌、致畸、致突变
	45	碱性黄	大黄鱼	染色	损害肾脏、肝脏，致癌
	46	磺胺二甲嘧啶	叉烧肉类	防腐	损害肝脏功能
	47	工业用乙酸	勾兑食醋	调节酸度	含有大量对人体有害的重金属等有害物质，长期食用致消化不良、腹泻，严重危害身体健康
第六批	48	邻苯二甲酸酯类物质【包括邻苯二甲酸二（2-乙基）己酯（DEHP）等17种】	乳化剂类食品添加剂、使用乳化剂的其他类食品添加剂或食品等	增塑剂	是一类环境雌激素物质，具有生殖和发育毒性，一些邻苯二甲酸酯类物质甚至具有致癌性

表二 食品加工过程中易滥用的食品添加剂名单

序号	食品品种	可能易滥用的添加剂品种	添加目的	检测方法
1	渍菜（泡菜等）、葡萄酒	着色剂（胭脂红、柠檬黄、诱惑红、日落黄）等	着色	GB/T 5009.35—2003 食品中合成着色剂的测定 GB/T 5009.141—2003 食品中诱惑红的测定
2	水果冻、蛋白冻类	着色剂、防腐剂、酸度调节剂（己二酸等）	着色、防腐、酸度调节	
3	腌菜	着色剂、防腐剂、甜味剂（糖精钠、甜蜜素等）	着色、防腐、增甜味	
4	面点、月饼	乳化剂（蔗糖脂肪酸酯等、乙酰化单甘脂肪酸酯等）、防腐剂、着色剂、甜味剂	乳化、增甜味、防腐、着色	
5	面条、饺子皮	面粉处理剂	漂白	
6	糕点	膨松剂（硫酸铝钾、硫酸铝铵等）、水分保持剂磷酸盐类（磷酸钙、焦磷酸二氢二钠等）、增稠剂（黄原胶、黄蜀葵胶等）、甜味剂（糖精钠、甜蜜素等）	膨松	GB/T 5009.182—2003 面制食品中铝的测定
7	馒头	漂白剂（硫磺）	水分保持	
8	油条	膨松剂（硫酸铝钾、硫酸铝铵）	增稠	

续表

序号	食品品种	可能易滥用的添加剂品种	添加目的	检测方法
9	肉制品和卤制熟食、腌肉料和嫩肉粉类产品	护色剂（硝酸盐、亚硝酸盐）	增甜味	GB/T 5009.33—2003食品中亚硝酸盐、硝酸盐的测定
10	小麦粉	二氧化钛、硫酸铝钾	漂白	
11	小麦粉	滑石粉	膨松	GB 21913—2008食品中滑石粉的测定
12	臭豆腐	硫酸亚铁	护色	
13	乳制品（除干酪外）	山梨酸	漂白	GB/T 21703—2008《乳与乳制品中苯甲酸和山梨酸的测定方法》
14	乳制品（除干酪外）	纳他霉素	增白、增重	参照GB/T 21915—2008《食品中纳他霉素的测定方法》
15	蔬菜干制品	硫酸铜	缩短发酵时间、上色	无
16	"酒类"（配制酒除外）	甜蜜素	防腐	
17	"酒类"	安赛蜜	防腐	
18	面制品和膨化食品	硫酸铝钾、硫酸铝铵	掩盖伪劣产品	
19	鲜瘦肉	胭脂红	增色	GB/T 5009.35—2003食品中合成着色剂的测定
20	大黄鱼、小黄鱼	柠檬黄	染色	GB/T 5009.35—2003食品中合成着色剂的测定
21	陈粮、米粉等	焦亚硫酸钠	漂白、防腐、保鲜	GB5009.34—2003食品中亚硫酸盐的测定
22	烤鱼片、冷冻虾、烤虾、鱼干、鱿鱼丝、蟹肉、鱼糜等	亚硫酸钠	防腐、漂白	GB/T 5009.34—2003食品中亚硫酸盐的测定

注：滥用食品添加剂的行为包括超量使用或超范围使用食品添加剂的行为。

附录三 《中华人民共和国食品安全法》规定的食品添加剂的相关法律条款

第二条 在中华人民共和国境内从事下列活动，应当遵守本法：

（二）食品添加剂的生产经营；

（四）食品生产经营者使用食品添加剂、食品相关产品；

（五）对食品、食品添加剂和食品相关产品的安全管理。

第三十六条 食品生产者采购食品原料、食品添加剂、食品相关产品，应当查验供货者的许可证和产品合格证明文件；对无法提供合格证明文件的食品原料，应当依照食品安全标准进行检验；不得采购或者使用不符合食品安全标准的食品原料、食品添加剂、食品相关产品。

食品生产企业应当建立食品原料、食品添加剂、食品相关产品进货查验记录制度，如实记录食品原料、食品添加剂、食品相关产品的名称、规格、数量、供货者名称及联系方式、进货日期等内容。

食品原料、食品添加剂、食品相关产品进货查验记录应当真实，保存期限不得少于二年。

第四十六条 食品生产者应当依照食品安全标准关于食品添加剂的品种、使用范围、用量的规定使用食品添加剂；不得在食品生产中使用食品添加剂以外的化学物质和其他可能危害人体健康的物质。

第四十七条 食品添加剂应当有标签、说明书和包装。标签、说明书应当载明本法第四十二条第一款第一项至第六项、第八项、第九项规定的事项，以及食品添加剂的使用范围、用量、使用方法，并在标签上载明"食品添加剂"字样。

第八十五条 违反本法规定，有下列情形之一的，由有关主管部门按照各自职责分工，没收违法所得、违法生产经营的食品和用于违法生产经营的工具、设备、原料等物品；违法生产经营的食品货值金额不足一万元的，并处二千元以上五万元以下罚款；货值金额一万元以上的，并处货值金额五倍以上十倍以下罚款；情节严重的，吊销许可证：（一）用非食品原料生产食品或者在食品中添加食品添加剂以外的化学物质和其他可能危害人体健康的物质，或者用回收食品作为原料生产食品。

第八十七条 违反本法规定，有下列情形之一的，由有关主管部门按照各自职责分工，责令改正，给予警告；拒不改正的，处二千元以上二万元以下罚款；情节严重的，责令停产停业，直至吊销许可证：

（一）未对采购的食品原料和生产的食品、食品添加剂、食品相关产品进行检验；

（二）未建立并遵守查验记录制度、出厂检验记录制度；

（三）制定食品安全企业标准未依照本法规定备案；

（四）未按规定要求贮存、销售食品或者清理库存食品；

（五）进货时未查验许可证和相关证明文件；

（六）生产的食品、食品添加剂的标签、说明书涉及疾病预防、治疗功能；

（七）安排患有本法第三十四条所列疾病的人员从事接触直接入口食品的工作。

附录四　食品包装上的常见标志

食品标志定义	
是指食品包装容器上或附于食品包装容器的一种附签、吊牌、文字、图形、符号或其他一切说明物，其主要作用是帮助消费者来选择适合自己的商品。	
 食品生产许可标志	 无公害食品标志
 A级绿色食品标志	 AA级绿色食品标志
 有机食品标志	 有机食品标志
 保健食品标志	 可回收标志
 计量"C"标志	 地理标志产品